图 1-2　种公猪舍

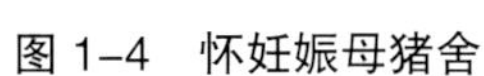

图 1-4　怀妊娠母猪舍

图 1-5　乳母猪舍

图 2-1　长白猪

图 2-2　大约克夏猪

图 2-3　杜洛克猪

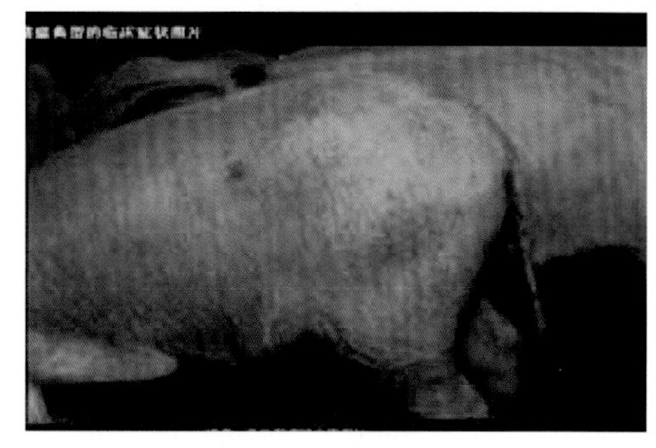

图 7-1　猪瘟的症状

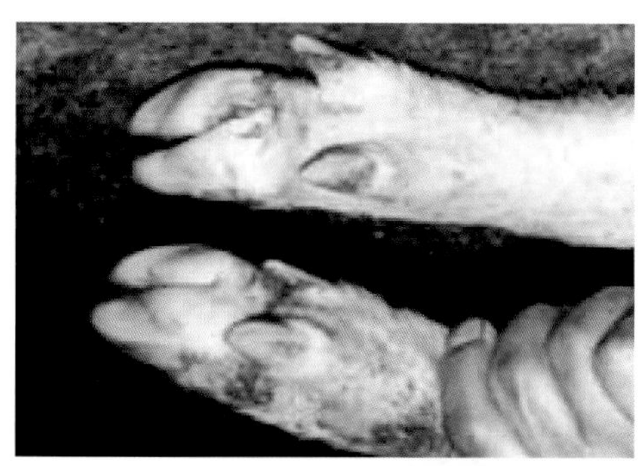

图 7-2　猪口蹄疫症状

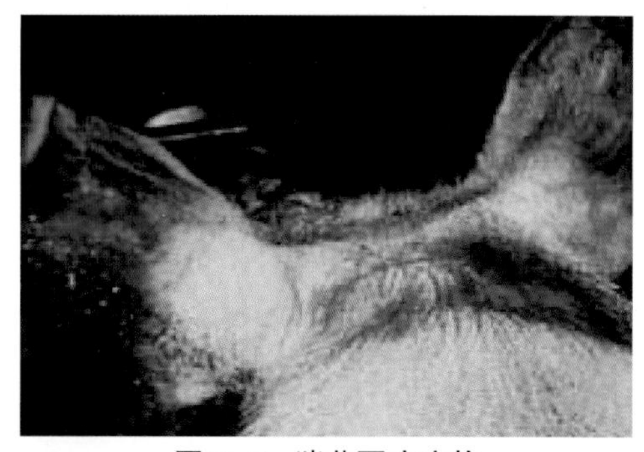

图 7-3　猪蓝耳病症状

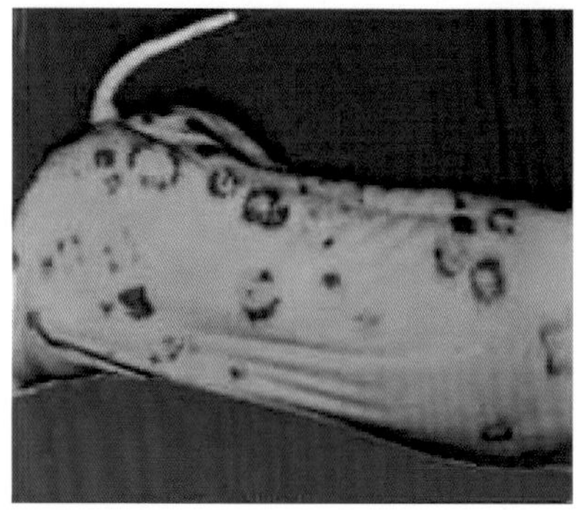

图 7-4　猪丹毒症状

新型职业农民培育·农村实用人才培训系列教材

生猪养殖实用技术

悳 贤 王 维 赵满飞 王 琼 等著

中国农业科学技术出版社

图书在版编目（CIP）数据

生猪养殖实用技术／恵贤等著．—北京：中国农业科学技术出版社，2015.12

ISBN 978－7－5116－2450－5

Ⅰ．①生…　Ⅱ．①恵…　Ⅲ．①养猪学　Ⅳ．①S828

中国版本图书馆CIP数据核字（2015）第317416号

责任编辑　闫庆健　柳　颖
责任校对　马广洋

出 版 者　中国农业科学技术出版社
　　　　　北京市中关村南大街12号　邮编：100081
电　　话　(010)82106632(编辑室)　(010)82109704(发行部)
　　　　　(010)82109709(读者服务部)
传　　真　(010)82106625
网　　址　http://www.castp.cn
经 销 者　各地新华书店
印 刷 者　北京富泰印刷有限责任公司
开　　本　710mm×1 000mm　1/16
印　　张　8.75　彩插　2面
字　　数　161千字
版　　次　2015年12月第1版　2017年2月第2次印刷
定　　价　25.00元

《生猪养殖实用技术》

编 委 会

著者名单

主　　著　亶　贤　王　维　赵满飞　王　琼

副 主 著　张晓霞　马喜荣　蔡晓波　陈　勇
　　　　　黄淑媛

参　　著　李　萍　姚亚妮　王锦莲　牛道平
　　　　　王文宁　窦小宁　雍海虹　张金文
　　　　　冯　祎　李淑娟　王海珍

前　言

目前，我国已经是世界养猪大国，但在饲养上还与发达国家存在很大差距，尤其是规模化、科学化饲养水平不高，严重影响着养猪产业的发展和生产效益，为此，我们组织人员结合当地实际撰写了《生猪养殖实用技术》一书，以满足农民培训和生猪养殖户的需要。

本书在注重科学性、实用性和可操作性的前提下，重点介绍了猪场建设、种猪的选育与利用、猪的生活习性、猪的营养与饲料、猪的饲养管理、猪的繁殖技术和猪的常见疫病防治等关键技术。在编写过程中，力求做到理论与生产实践相衔接，图文并茂、深入浅出、通俗易懂，适合新型职业农民和农村实用人才培训使用，也可供广大畜牧工作者参阅学习。

本书引用了有关专家学者的相关资料，同时得到诸多老师和同行的指导帮助，在此表示衷心感谢。由于著者水平有限，书中难免疏漏和不妥之处，敬请广大读者谅解并予以指正。

著　者

2015 年 9 月

目 录

第一章 猪场建设

自20世纪90年代至21世纪初，我国养猪业规模化养殖迅速发展，养猪业已成为农业经济结构调整，农民增收致富的支柱产业，我国也已成为世界第一养猪大国。与此同时，猪肉生产的安全性受到严重威胁，饲养环境日益遭受污染。因此，通过实施养猪的全程规范生产，强化饲养管理和疾病预防，改进饲养条件，提高饲养技术。猪场场址选择和猪场建设是解决这些问题的关键。

第一节　场址选择

猪场建设首要任务是选好场址，只有这样才能根据猪场的工艺流程，确定所需设备、猪舍类型，进行合理的规划与布局，因地制宜尽量做到完善合理。因此，应对拟选场址的地理位置、地形地貌、水文气象、生态条件和社会环境做一个全面的调查，符合土地利用发展规划和村镇建设发展规划。并在此基础上对2~3个候选场址进行技术分析，从中选定一个最佳场址，通过国家土地管理、环保等部门审批，方可建场，场址选择注意以下几个方面：

一、地势与土壤

场地整齐开阔，地形应地势高燥、平坦，节约用地，不占或少占耕地。在丘陵山地建场应尽量选择阳坡，坡度不超过20°，不要过于狭长或边角过多。场地狭长影响建筑物合理布局，生产作业不方便。要有足够的面积，一般按能繁母猪每头40~50m^2、商品猪3~4m^2考虑。理想的猪场场地应当建在地势高燥、背风向阳、排水良好、略带缓坡的地方。一般坡度在1%~3%为宜，不能选择沼泽地、低洼地、盆地和风口。猪场选沙壤土最为理想，透气透水性好，雨后不易泥泞潮湿，又可以防止病原微生物的生存和繁殖。不应在养过猪的地方建猪场。

二、水源和水质

猪场在生产过程中，猪的饮水、猪舍和用具的洗涤、人员生活及绿化用水等都要使用大量的水。因此，建场时必须要有一个可靠的水源，要求水量充足，保证长期使用；水质良好，不经过处理且能符合饮用水标准；管护方便，不易被其他因素损坏及污染；管道口径根据养殖规模保证水量供应，取用方便。

三、交通及电力条件

猪场应选择在交通便利的地方，但应远离主要交通干线 1 000m 以上，与其他畜禽场的距离不少于 3 000m，距三级公路不少于 150m 以上，距四级公路不少于 50m。选址时应靠近输电线路，以保证有足够的电力供应，减少电力投资。

四、周围环境

猪场场址应距工厂、居民区保持一定的距离，便于饲料猪只和猪粪的运输，防止养猪场受到外界环境的影响以及有利于猪场的防疫。最好把地点选择在当地夏季主风向的下风向，地势低于居民点，但要离开居民点污水排出口，更不应选在化工厂、屠宰场、制革厂等容易造成环境污染企业的下风处或附近。

第二节 猪场规划布局及猪舍的建筑设计

在选定的猪场进行合理规划布局，其方案是建立良好的猪场环境和组织高效率生产的可靠保证。猪场的场址选定后，就应当考虑猪场的总体规划和建筑物的合理布局。从总体布局要求来看，猪场布局要符合各生产环节和工艺流程的要求，便于实施机械化操作，为提高劳动生产率创造条件，同时要符合节省土地面积为原则。规划布局应根据生产职能分为若干功能区。猪场各建筑物的安排应结合地形、地势、水源、当地主风向等自然条件以及猪场近期和远期规划综合考虑。

一、猪场规划布局

猪场总体规划布局（图 1－1）原则是应根据建设养殖规模、地形、水源、主风向等自然条件紧凑整齐地有效利用土地，各区域间联系方便，符合生产管理和防疫、防火要求，便于流水作业，缩短物资运输线路，节省建厂投资。猪场的场地规划一般可分为管理区、生活区、生产区及隔离区四个部分。

种猪区		仔猪区
隔　离　带		
商品猪区		
人员活动区域	办公区	生活区
道　路		

图1-1　猪场建设布局平面示意图

（一）管理区

猪场管理区包括办公室、会议室、接待室和车库等设施。管理区应建在生产区上风向。在生产区门外，用墙和生产区相隔离，成为独立院落。

（二）生活区

生活区有职工宿舍、食堂、培训部、健身场地等设施，应建在生产区上风向。在生产区门外，用墙和生产区相隔离，成为独立院落。

（三）生产区

生产区是独立封闭的，是猪场的主体部分，由各类猪舍、仓库、饲料加工车间、消毒兽医室、采精室、人工授精室等组成。猪舍应根据猪场的地形地势和风向等自然条件选择坐北朝南的位置。夏季可以防止太阳通过窗户过度照射，利于通风降温。冬季可以增大太阳辐射，提高猪舍温度，利于猪舍保温。

猪舍应根据猪的生物学特性，按机械化生产流程来布局。各类猪舍排列顺序由北向南依次为：种公猪舍、采精室、人工受精室、妊娠母猪舍、哺乳母猪舍、保育舍、育成舍、育肥舍。种公猪舍、母猪舍应设在猪场进出口比较远的地方，可以减少种猪感染传染病的几率。育肥舍应设在猪场进出口比较近的地方，设一通道连接出猪台。人工受精室可设在公猪舍与母猪舍之间。饲料加工车间及饲料仓库应靠近管理区。消毒室及消毒池应设在生产区进出口处。凡是进入生产区的人员应在消毒室洗手、进行紫外线消毒、更衣、换球鞋，进入车辆必须通过消毒池消毒后方可进入。

（四）隔离区

设立兽医室、隔离猪舍、尸体剖检室、粪污贮存和处理设施等，应设在整个猪场的下风向、地势较低的地方。兽医室可靠近生产区，隔离猪舍、尸体剖检室并距健康猪舍250m以上，粪污排放达到国家规定的排污标准，尸体做到无害化处理。

（五）道路及绿化

生产区的道路必须硬化，包括公共道路和生产区道路。生产区设净道和污道，净道为行人、饲料产品的运输道；污道为清粪便、病猪和废弃物的专用道。两道不能交叉出入口分开。各功能区之间道路连通形成消防环路，主干道一般宽4m，其他道路宽3m。路旁设排水沟，雨水采用明沟直接排出，生产、生活污水用管道输送到污水处理系统进行处理。

（六）猪舍间距

猪舍应当坐北向南，可以偏东或偏西一定角度。育肥猪舍及断奶猪舍靠近猪场门口，母猪舍在其后面，公猪舍可与肥猪舍靠近，但应远离母猪舍。各猪舍之间应相互连通，为避免疾病的传播，同类猪舍间隔距离应以满足夏季通风和冬季光照的要求，每幢猪舍左右间隔10~15m，前后间距15~20m。健康猪舍与隔离舍应在100m以上为宜。

二、猪舍的建筑设计

猪舍根据建筑材料及结构不同，有砖木、砖混结构和复合板轻型钢组装式猪舍两大类。近几年猪舍墙体多采用砖混砌成，墙体外加保温设施。屋面是用预制轻型钢屋架，用彩色钢板加复合保温材料制做。我国各地养猪生产上普遍采用在侧墙上安装活动窗的有窗式猪舍，依靠窗户来调节室内温度。这种猪舍一般还安装机械通风或人工采暖设备。

（一）节能保温猪舍

我国北方地区冬季气候寒冷，持续期长，给养猪生产带来很多困难。当前解决猪舍保温问题有两种方法：一是采取舍内供暖，如设暖气、送热风或加温地面等办法提高猪舍温度。这种方法需要昂贵的供暖设备，并消耗大量能源与人工，成本高。另一种方法是设计一种不用供暖设备的保温猪舍，通过采取高密度、厚垫草、半关闭饲养等配套技术，同样可提高猪舍的温度，并达到猪所需要的环境温度。这种节能保温猪舍成本低，养猪经济效益高。节能保温猪舍可分为有窗式节能保温猪舍和塑膜暖棚节能保温猪舍两大类。

1. 有窗式节能保温猪舍

有窗式节能保温猪舍在生产中常用的模式有单列式节能保温猪舍、双列式节能保温猪舍和四列式节能保温猪舍等。

（1）单列式节能保温猪舍。这种猪舍一般是坐北朝南，东西排列。猪舍过道一种在北侧，圈内斜坡朝北下水，尿道沟在北面；另一种过道在南侧，圈内斜坡朝南下水，尿道沟在南面。

（2）双列式节能保温猪舍。这种猪舍南北各一列，猪舍过道在中间，南列圈内斜坡朝北下水，北列圈内斜坡朝南下水，过道两侧各有一个尿道沟，污水从尿道沟内流入沉淀池中。

(3) 四列式节能保温猪舍。这种猪舍南北各一列，中间两列计四列两通道，南列圈内斜坡朝北下水，北列圈内斜坡朝南下水。中间相连的两列靠南列对面的圈内斜坡朝南下水，靠北列对面的圈内斜坡朝北下水，每个通道两侧各有一个尿道沟，污水从尿道沟内流入沉淀池中。

2. 塑膜暖棚节能保温猪舍

塑膜暖棚节能保温猪舍在生产中常用的模式有单面塑膜暖棚猪舍、拱圆形塑膜暖棚猪舍、高床塑膜暖棚猪舍、塑膜暖棚生态猪舍等。

(1) 单面塑膜暖棚猪舍。这种猪舍座北朝南，东西走向，棚顶一面为塑膜覆盖，另一面为固定棚顶。猪舍过道一种在北侧，另一种在南侧。这种猪舍建筑结构简单，塑膜容易固定，抗风雪能力较强，保温性能较好，便于管理，造价低廉，适用于中小规模养猪场户。

(2) 拱圆形塑膜暖棚猪舍。这种猪舍棚顶大部分覆盖塑膜，呈半圆形，由山墙、前侧墙、棚架和塑膜等组成，棚舍南北走向。这种猪舍采光面积大，棚内温度高，但跨度大，对建筑材料要求严格。一般用钢材做棚顶部拱架，一次性投资大，但经久耐用。

(3) 高床塑膜暖棚猪舍。这种猪舍是将塑膜暖棚猪舍与现代养猪设备有机结合在一起的一种先进猪舍。这种猪舍外形为半钟楼形，四周有墙，后坡和半钟楼为土木建筑棚，前坡及部分前墙为双层塑膜覆盖。舍内可设置分娩栏、仔猪栏、肥育栏等。地下设置排粪沟、沉淀池、贮粪池。这种猪舍保温效果好，工艺设备先进，相对投资少，经济效益高。

(4) 塑膜暖棚生态猪舍。这种生态猪舍由塑膜暖棚猪舍、厕所、沼气池、塑膜蔬菜暖棚组成。塑膜暖棚猪舍是生态养猪的核心，它与厕所共同向沼气池提供原料。同时，塑膜暖棚蓄积的太阳能和猪体散发的热量又为沼气池生产沼气提供温度条件，解决了北方由于冬季寒冷、导致沼气池冻裂而不能有效地保存气体问题。把沼气池建在塑膜暖棚猪舍的下部，解除了寒冷气候条件对生产沼气的影响。此外，猪舍与蔬菜温室紧紧相连，不仅有利于双方保温，而且还可进行气体交换，如猪吸入氧气而呼出二氧化碳，蔬菜吸入二氧化碳而呼出氧气，二者互补。这种生态养猪模式是将养猪学、蔬菜栽培学和农村能源学等学科有机地结合在一起的高科技含量的综合配套技术。

3. 有窗式节能保温猪舍设计要点

(1) 猪舍设计尺寸。猪舍跨度：单列式5.0～5.5m，双列式7.5～8.5m，四列式13.5～14m，一般不超过15m，前后墙高度2.0～2.2m。猪舍长度根据养猪数量而定，一般不超过75m。

（2）天棚。在北方地区建造有窗式节能保温猪舍必须设置天棚。天棚可用木板、芦苇、柳条、秸秆等材料。在做天棚时，要在天棚上面铺上一层塑膜或油毛毡，并在上面再铺上厚20～30cm厘米锯屑和珍珠岩等保温材料，并将房檐、屋角堵严，防止冷气渗入。天棚距地面的高度是保温的一项重要措施。天棚过高，空气流通好，但保温效果不好；天棚过低，影响通风与采光。因此，天棚距地面的高度以2.0～2.2m为宜。

（3）门、窗。建造猪舍除设东、西门外，还要设南门。入冬前将东、西大门用油毡封闭而走南门。南门带门斗，防止冷气直接进入猪舍。一般50m长的猪舍设一个南门，每个南门高1.8m、宽1.5m，可制作两扇门。冬季封闭东西大门，防止因空气对流作用，使冷气入内，暖气外逸。北方冬季北风、西北风居多，因此，建造猪舍时，北窗一定要少于南窗。一般南北窗比例以3：1为宜，即有3个南窗，留一个北窗。留出的北窗必须与3个南窗中的一个相对应，冬天将南北窗用塑膜封死。南北窗的尺寸为高0.8m、宽1.2m，距地面高1.0m。

（4）墙体。过去建造猪舍无论是三七墙或五零墙皆为实心墙，这就造成冬季、早春舍内与舍外温差太大，使窗台下的墙壁结露，使猪栏趴卧区潮湿，影响猪的休息，并增加了舍内湿度。解决这个问题，可建空心墙。空心墙墙内可不放任何物质，也可放入保温物，如锯屑、炉灰渣、珍珠岩等。然后在其上用砖、水泥抹严，也可用2～3cm厚的苯板放于墙壁内侧，并抹上水泥。

（5）地面。猪舍地面多为水泥地面，便于清扫、冲洗和消毒，但冬季猪趴在水泥地面上热量损失很大。解决这个问题，可在水泥地面抹面之前，在猪趴卧区铺上一层油毡或塑膜，或5cm厚的苯板，然后抹2～3cm厚水泥，这种地面保温效果较好。另外，猪舍地面要有一定坡度，一般以1%～2%为宜。

（6）其他。猪舍通道一般宽1.0～1.2m，尿道沟宽10～12cm，尿道沟底呈半圆形，坡度1%～2%，由浅到深，最深不超过10cm。沉淀池设在过道中央，每50m长的猪舍可建两个沉淀池，沉淀池宽80cm、长80cm、深100cm。贮粪池距舍最少5m，每50m长的猪舍可建造一个贮粪池。贮粪池的大小可根据养猪数量、贮存时间确定，舍内沉淀池底口与贮粪池相通。排气口设在通道上方天棚处，排气口面积70cm×70cm。排气口上部作成防雨帽，高出房顶50cm，每50m长的猪舍可留3～4个，用时打开，不用时关闭。

4. 塑膜暖棚节能保温猪舍设计要点

（1）棚舍设计尺寸。单面塑膜暖棚猪舍跨度5.0～5.5m，前墙高1.0～

1.2m，后墙高1.6～1.8m，中梁高1.8～2.0m。拱圆形塑膜暖棚猪舍跨度8.0～9.0m，侧墙高1.4～1.5m。高床塑膜暖棚猪舍跨度为6.4～8.7m，前墙高0.54m，后墙高1.8m，偏心脊高3.2～3.7m。塑膜暖棚生态猪舍跨度5.5～6.0m，前墙高0.8～1.0m，后墙高1.7～1.8m，中梁高2.5m。以上猪舍长度根据养猪数量而定。

（2）棚址选择。选择建造塑膜暖棚地址，即要考虑常规猪舍地址的选择要素，又要考虑建造塑膜暖棚选址的特殊因素。一般应选择在地势高燥、背风向阳，舍南部一定距离内无高大树木或建筑物遮蔽的地方。这样可防止舍外积水流入舍内，便于排出舍内积水，降低棚舍内湿度；减少寒风对暖棚的破坏，降低冷气流对猪的危害；防止遮蔽物的存在而影响棚舍接收太阳能辐射，充分利用太阳能。一般来说，在暖棚东、南、西三侧8m范围内，不应有超过3m高的物体。

（3）棚舍朝向。塑膜暖棚的朝向以座北朝南为宜，考虑当地的主导风向。为达到背风的目的，可适当选择南偏东或偏西，但最多偏离角度不应超过15°。这样可以获得较长时间的光照，有利于提高舍内温度。在选择棚址过程中，如受地形的限制，也可采用南北走向的塑膜暖棚猪舍。

（4）保温设计在暖棚结构中，失热最多的是棚顶，其次是墙壁和地面。塑膜是塑膜暖棚所用的特殊建筑材料，它即是暖棚的采光部分，又是夜间重点防寒部位。选用塑膜最好兼有透光好、保温好、耐用和无滴水几个性能，既然能透过短波辐射，又能阻止长波辐射。一般可选用0.1～0.12mm厚的聚氯乙烯无滴膜。为了增加塑膜的保温性能，夜间应采用草帘、纸被等覆盖物，或采用双层塑膜覆盖（双层塑膜间的距离为10～12cm），以提高保温效果。对墙体和地面的设计，可参考有窗式节能保温猪舍设计要点。

（5）通风设计。通风换气的目的就是要排出舍内过多的水汽、热能和有害气体。一般进气口设在棚舍迎风面的下部，并安装调节板，避免冷空气直吹猪体。排气口设在棚舍背风面的顶部，高出棚舍顶部50cm，并设置防风帽，防止冷空气直接进入棚舍。一般每个排气口面积：（50cm×50cm～70cm×70cm），进气口面积：（20cm×20cm～25cm×25cm）。

（6）主要技术参数。在建造塑膜暖棚时，除了考虑常规建筑参数外，还要重点考虑以下几个技术参数：

①塑膜暖棚的入射角：指可采光部分的最上端，即塑膜的最上端与棚舍后墙底端的连线和地平面所形成的夹角。它是决定棚舍地面获得光照面积多少的因素。

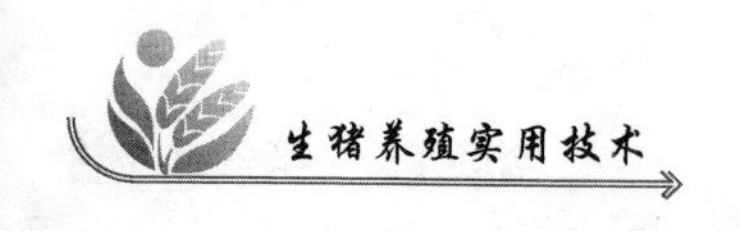

②后坡的坡度角：指棚舍的后坡与地平面的夹角。它是决定棚舍后墙能否获得阳光照射的因素。

③屋面角：指塑膜与地面所形成的夹角，也称塑膜的坡度。它是决定太阳能利用率的因素之一。

④投射角：指太阳直射光与塑膜表面所形成的夹角。投射角等于太阳高度角（太阳光与地平面的夹角）和屋面角之和。对某一地区而言，在冬季这段时间里，每一天的多数时间内太阳高度角在一个较小的范围内发生变化。因此，通过科学地选择屋面角，就可达到合理的投射角。投射角的大小与塑膜透光率有着直接的关系，所以屋面角与塑膜的透光率有着间接的关系。在建筑塑膜暖棚过程中，棚舍的入射角应大于或等于当地冬季正午时的太阳高度角，以获得较大的光照面积。棚舍的后坡应在30°左右，使暖棚的后墙也能适当的利用部分太阳能。在北纬35°~40°的地区，使塑膜与地面的夹角控制在35°~45°，可以获得比较理想的透光率。

（二）节能保温猪舍配套技术

以上我们介绍了节能保温猪舍，但在寒冷冬季仅有节能保温猪舍，远达不到猪所需要的环境温度。还必须采取高密度、厚垫草、卧满圈、半关闭饲养等综合配套技术，才能达到猪所需要的环境温度。

1. 高密度

高密度是指在合理的饲养条件下，适当增加养猪密度。因为猪的密度大了，可以增加产热量。一般哺乳母猪每头4~4.5m^2，空怀或妊娠母猪每头1.6m^2，6~8月龄的后备母猪或肥育猪每头0.8m^2，3~5月龄幼猪每头0.4~0.5m^2，1~2月龄仔猪每头0.3m^2。

2. 厚垫草

在增加密度的同时，应用小麦、水稻等秸秆铺圈，既可防潮，又可保温。一般在猪的趴卧区铺20~30cm厚的垫草。

3. 卧满圈

卧满圈是指在猪的趴卧区将猪装满，不留空闲位置，互相利用体温保暖。

4. 半关闭

半关闭饲养是指猪吃、住、饮水在猪舍内，排便则到舍外运动场。育肥猪、断奶仔猪可不在舍外排便，饲养员定时将粪便收集起来运至贮粪场。由于种猪不在舍内排便（仔猪、肥育猪干清粪），保持了舍内空气新鲜，温暖干燥。但要注意，舍外排便一定要定时定点，同时减少舍内水洗作业，否则效果不佳。

（三）种公猪舍

公猪舍传统的多采用单列舍，设有运动场，保证其有充足的运动，可以防止公猪过肥，提高精液品质，延长种公猪使用年限。舍内设置饲喂走廊。公猪为单圈饲养，面积一般为7～9m^2，长3～3.5m，宽2.3～2.5m，隔栏高度为1.2～1.4m，隔栏下部分使用混凝土结构，上部分使用金属隔栏结构。种公猪食槽一般采用混凝土结构或铸铁结构，大小和高度依据猪体适宜采食而定。根据猪的生活习性，有的公猪不设食槽，将饲料直接放置于种公猪舍的一个角落。规模化养猪场多采用自动喂料设备，控制饲料喂量，减少人工。种公猪舍饮水一般采用自动饮水系统，常用鸭嘴式自动饮水器。饮水器一般安装在饲槽相对的地方，防止种公猪饮水时溅湿饲料。限位栏种公猪舍饮水器一般安装在限位架前门左右侧，引水器高度一般为40～60cm。输水管道防止太阳暴晒和冻列。种公猪适宜的温度为18～20℃。舍内防寒保温一般采用火炕或热水供暖系统，防暑降温措施有空调制冷、通风、喷洒水、洗澡、蔗阴等方法。种公猪舍通风换气可根据猪舍具体情况而定。面积小、跨度不大、门窗较多的猪舍，可利用自然通风。如果猪舍空间大、跨度大、猪的密度高，要用机械强制通风（图1－2）。

图1－2　种公猪舍

（四）空怀、妊娠母猪舍

空怀、妊娠母猪舍可为单列式（带运动场）、双列式、多列式等。空怀、妊娠母猪可群养也可单养。群养时，空怀母猪每圈4～5头，妊娠母猪每圈2～3头。这种方法节约圈舍，提高的猪舍的利用率。空怀母猪群养相互诱发发情，但发情易使群养母猪发生因争食、咬架而导致死胎、流产。空怀、妊娠母猪限位栏单养便于进行发情鉴定、配种，利于妊娠母猪的保胎和定量饲喂，缺点是母猪运

动量小、产仔数有降低趋向、肢蹄病也增多，影响母猪的利用年限。空怀母猪限位栏单养时可与公猪隔栏饲养，4～5头待配母猪栏对应一个公猪栏。群养妊娠母猪，饲喂时亦可采用隔栏定位采食。采食时猪只进入栏内，平时则在大栏自由活动。妊娠期间有一定活动量，可减少母猪肢蹄病和难产，延长母猪的利用年限（图1－3、图1－4）。

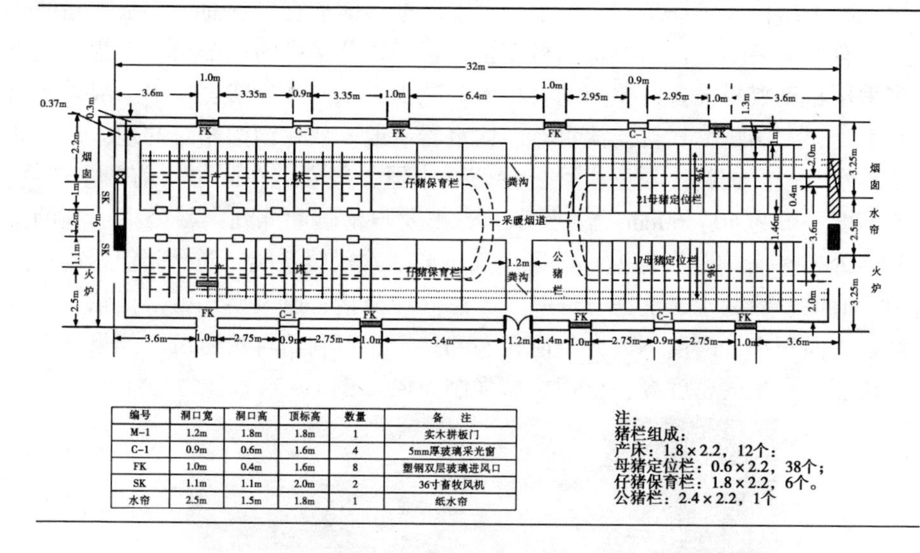

编号	洞口宽	洞口高	顶标高	数量	备　注
M-1	1.2m	1.8m	1.8m	1	实木拼板门
C-1	0.9m	0.6m	1.6m	4	5mm厚玻璃采光窗
FK	1.0m	0.4m	1.6m	8	塑钢双层玻璃进风口
SK	1.1m	1.1m	2.0m	2	36寸畜牧风机
水帘	2.5m	1.5m	1.8m	1	纸水帘

注：
猪栏组成：
产床：1.8×2.2，12个：
母猪定位栏：0.6×2.2，38个；
仔猪保育栏：1.8×2.2，6个。
公猪栏：2.4×2.2，1个

图1－3　50头母猪合平面图

图1－4　空怀妊娠母猪舍

（五）哺乳母猪舍

哺乳母猪舍常见为三走道双列式。哺乳母猪舍供母猪分娩、哺育仔猪用。其设计既要满足母猪需要，又要兼顾仔猪的要求。分娩母猪适宜温度为16～18℃。新生仔猪体热调节机能发育不全、怕冷、适宜温度为29～32℃，气温低时通过挤靠母猪或相互挤堆来取暖，这样常出现被母猪踩死、压死的现象。根据这一特点，哺乳母猪的分娩栏应设母猪限位栏和仔猪活动栏两部分。中间部位为母猪限位栏区，宽一般为0.6～0.65m。两侧为仔猪栏。仔猪活动栏内一般设仔猪补饲槽和保温箱。保温箱采用加热地板、红外灯等给仔猪局部供暖（图1－5）。

图1－5 哺乳母猪舍

（六）仔猪培育舍

仔猪断奶后就转入仔猪培育舍。断奶仔猪身体各机能发育不完全、体温调节能力差、怕冷、机体抗病力差、免疫力差，易感染疾病。因此，仔猪培育舍应能给仔猪提供一温暖、清洁的环境。仔猪舍及上述的哺乳母猪舍在冬季一般需有供暖设备，才能保证仔猪生活在较适宜温度的环境里。仔猪培育可采用地面或网上群养，每圈8～12头。仔猪断奶后转入仔猪培育舍一般应原窝饲养，每窝占一圈，这样可减少因认识陌生伙伴、重新建立群内的优胜序列而造成的刺激。

（七）育肥猪舍

为减少猪群周转次数，往往把育成和育肥两个阶段合并成一个阶段饲养。育成育肥猪多采用地面群养，每圈10～15头，其占栏面积和采食宽度按育肥猪确定。育肥猪身体各机能发育均趋于完善，对不良环境条件具有较强的抵抗力，因而对环境条件的要求不是很严格，可采用多种形式的圈舍饲养。

第三节 养猪常用设备

猪因不同的生理阶段和生产目的，需要不同的生活环境条件。现代化养猪就是要利用现代科学技术，给它创造良好的繁殖、生长所需要环境，充分发挥猪的生产潜力，以提高猪场的管理水平和经济效益。正确合理配置现代化猪场的各类设备，是建设好现代化猪场重要的组成部分。它不仅能有效地控制猪场环境、改善饲养管理条件，利于卫生防疫、减少疾病，促进猪正常发育和生产性能的充分发挥，而且能降低饲料和饮水的消耗，减轻饲养人员的劳动强度，提高劳动生产效率。

一、猪栏

猪栏按其结构形式可分为实体猪栏、栏栅式猪栏、综合式猪栏。

实体猪栏一般采用砖砌结构（厚度120mm、高度1.0～1.2m），外抹水泥或采用混凝土预制件组成。实体猪栏的优点是可以就地取材，投资费用低。缺点是占地面积大，不便于观察猪的活动，通风不良。

栏栅式猪栏采用金属型材焊接而成，它一般由外框、隔条组成栏栅，几片栏栅和栏门组成一个猪栏。其优点是占地面积小，便于观察猪只，通风阻力小。缺点是投资较大。

综合式猪栏是综合了上述两种猪栏的结构。一般是相邻的两猪栏隔墙采用实体栏，沿饲喂通道正面采用栏栅，这样就兼备了两者的优点。

根据猪栏内饲养猪的类别，猪栏可分为公猪栏、配种栏、母猪栏、分娩栏、培育栏、生长栏和肥育栏。猪栏结构尺寸见（表1－1）。

表1－1　几种猪栏（栏栅式）的主要技术参数

猪栏类别	长（mm）	宽（mm）	高（mm）	隔条间距	备　注
公猪栏	3 000	2 400	1 200	100～110	
后备母猪栏	3 000	2 400	1 000	100	
培育栏	1 800～2 000	1 600～1 700	700	≤70	饲养一窝猪
	2 500～3 000	2 400～3 500	700	≤70	饲养20～30头猪

（续表）

猪栏类别	长（mm）	宽（mm）	高（mm）	隔条间距	备 注
生长栏	2 700 ~ 3 000	1 900 ~ 2 100	800	≤100	饲养一窝猪
	3 200 ~ 4 800	3 000 ~ 3 500	800	≤100	饲养 20 ~ 30 头猪
培育栏	3 000 ~ 3 200	2 400 ~ 2 500	900	100	饲养一窝猪

注：在采用小群饲养的情况下，空怀母猪、妊娠母猪栏的结构与尺寸和后备母猪栏相同

二、饲槽

根据养猪场的两种饲喂方式——自由采食和限量饲喂，饲槽也分为自由采食槽（自动食槽）和限量采食槽两种。

（一）自动食槽

在培育、生长、肥育猪群中，一般采用自动食槽让猪自由采食。自动食槽就是在食槽的顶部装有饲料贮存箱，贮存一定量的饲料。随着猪的吃食，饲料在重力的作用下，不断落入食槽内。因此，自动食槽可以间隔较长时间加一次料，大大减少了喂饲工作量，提高了劳动生产率。

（二）限量食槽

限量食槽用于公猪、母猪等需要限量饲喂的猪群。小群饲养的母猪和公猪用的限量食槽一般用水泥制成，造价低廉，坚固耐用。

每头猪所需要的饲槽长度大约等于猪肩部宽度，不足时会造成饲喂时争食，太长不但造成饲槽浪费，个别猪还会踏入槽内吃食，弄脏饲料。每头猪采食所需饲槽长度见（表 1 – 2）。

表 1 – 2 每头猪采食所需要的饲槽长度

猪栏类别	体重（kg）	每头猪所需饲槽长度（cm）
仔猪	15 以下	18
幼猪	30 以下	20
生长猪	40 以下	23
	60 以下	27
肥育猪	75 以下	28
	100 以下	33
繁殖猪	100 以下	33

三、自动饮水器

猪舍供水方式有定时供水和自动饮水两种。定时供水就是在饲喂前后在食槽中放水，食槽兼水槽。这种供水方式的缺点不便于实现自动化，耗水量大，而且还容易造成水质污染，传播疾病等后果。自动饮水就是在猪舍内安装自动饮水器，使猪随时能喝到干净、卫生的水，有利于饲养管理和防疫。自动饮水器的种类有鸭嘴式自动饮水器、乳头式自动饮水器和杯式自动饮水器等。其中，鸭嘴式自动饮水器应用较广泛。各种类型自动饮水器的安装高度见（表 1－3）。

表 1－3　自动饮水器的安装高度

猪群类别 \ 安装高度 \ 自动饮水器	鸭嘴式	杯　式	乳头式
公　猪	750～800	250～300	800～850
母　猪	650～750	150～250	700～800
后备母猪	600～650	150～250	700～800
仔　猪	150～250	100～150	250～300
培育猪	300～400	150～200	300～450
生长猪	450～550	150～250	500～600
肥育猪	550～600	150～250	700～800
备　注	安装时阀体斜面向上，最好与地面成 45°夹角	杯口平面与地面平行	与地面成 45°～75°夹角

注：①自动饮水器的安装高度是指阀杆末端（鸭嘴式和乳头式），或杯口平面（杯式）距地面的距离；

②鸭嘴式饮水器用 135°弯头安装时，安装高度可再适当增高

四、仔猪加热器

在分娩舍为了满足仔猪对温度的较高要求，应为仔猪提供加热器，若配合保温箱使用，效果更好。保温箱通常用水泥、木板或玻璃钢制造。典型的保温箱外形体积为：（长 1 000mm × 宽 600mm × 高 600mm）。常用仔猪加热器有远红外线辐射板、电热保温板和红外线灯等。

种猪选择与利用

第一节 地方猪种

我国猪育种历史悠久，幅员辽阔，气候、海拔高度变化范围大，农业生产条件以及社会经济条件各不相同，特别是我国劳动人民在猪的饲养管理和选种选配方面积累了各具特色的丰富经验。经过长期选育，形成了许多优良的地方品种和类型。据2004年1月出版的《中国畜禽遗传资源状况》统计，我国已认定的猪品种有99个，其中，地方品种72个，培育品种19个，引入品种8个。在72个地方品种中，有34个是国家级畜禽遗传资源保护品种。

一、地方猪种特性

（一）繁殖力强

我国大多数地方猪种具有性成熟早、排卵数和产仔数多、哺乳性能强且母性好的特点。母猪3~4月龄开始发育，4~5月龄就能配种。

（二）抗逆性强

抗逆性是指机体对不良环境的调节适应能力。我国地方猪种是在我国特有自然环境条件、社会经济条件和饲养管理制度下形成的，因而有很强的抗逆性和适应性，表现出抗寒、耐热、耐粗饲的优良特性，并在低营养条件下具有良好的表现。这是不能为国外品种所替代的优良特性。

（三）肉质优良

我国地方猪种肉质优良主要表现在肌纤维细、肌束内肌纤维数量较多、系水力强、pH值高、肉色纹理好、肌内脂肪含量较高、香味浓郁、产生PSE肉和DFD肉的情况极少。

我国地方猪种具有以上的这些优良特性，是我们进行猪品种资源开发利用的立足之本，应给予足够的重视。在进行品种资源保存时，亦应加以充分的考虑。

（四）瘦肉率低、贮脂能力强，背膘较厚

一般4～5cm。花、板油比例大，为胴体重的2%～3%。胴体瘦肉率低，为40%左右。瘦肉率、眼肌面积和后腿比例均不如国外培育猪种。

（五）生长缓慢、饲料转化率低

我国地方猪种的生长速度一般均较慢，饲料利用率低。即使在全价饲料条件下，其增重速度仍低于国外品种。生长速度慢、瘦肉率低是我国地方猪种较为普遍的有待改良的特性。在常规育种中，可通过杂交克服这些缺点。

二、地方猪种分类

根据猪的体型外貌特征，结合来源、分布、饲养管理特点、地理气候因素、生态特性和生产性能等情况，将我国地方猪种按区域划分为华北型、华南型、江海型、西南型、华中型、高原型六大类型。我国地方猪种品种和类型繁多，饲养数量较少。

第二节　引入猪种

一、引入猪种是指从国外引入的猪种

我国从19世纪末起，从国外引入的外来品种有10多个。其中对我国猪种改良影响较大的有中约克夏猪、巴克夏猪、大约克夏猪（大白猪）、苏白猪、克米洛夫猪、长白猪等。20世纪又引进了杜洛克猪、汉普夏猪和皮特兰猪。对我国养猪业影响较大的引入猪种是大约克夏猪、长白猪、杜洛克猪和汉普夏猪。它们具有如下特点：

（一）生长速度快

引入的国外猪种体格大、体型匀称、背腰多微弓、四肢较高。在良好的饲养管理条件下，后备猪生长发育迅速，生长肥育期（20～90kg），日增重（550～700g）。

（二）屠宰率和胴体瘦肉率高

引入猪种屠宰率一般均较高。体重90kg左右时的屠宰率可达70%～72%，背膘薄、眼肌面积大，胴体瘦肉率高。体重90kg屠宰时，胴体瘦肉率55%～62%或更高。

（三）产仔数一般较少

母猪通常发情不明显，难以配种。

（四）肉质较差

引入猪种的肉质不及中国地方猪种，肌纤维较粗，肌内脂肪较少，出现 PSE 或 DFD 肉的比例较高，口感差。特别是皮特兰猪，其 PSE 肉的发生率较低，但其肉色、肌内脂肪含量等均不及中国地方猪种，肉味亦不如我国地方猪种鲜美。

（五）抗逆性差，对饲养管理条件的要求较高

引入品种猪种精料需要量较多。在较低的营养水平下，生长发育缓慢，有时不及中国地方猪种。

二、我国主要引入猪种简介

我国从国外引入的品种多为瘦肉型猪，最为常用的是大约克夏猪、长白猪、杜洛克猪。

（一）长白猪

原产于丹麦，原名兰德瑞斯，是 1887 年用大约克猪与丹麦土种猪杂交后经长期选育而成的。长白猪和大约克夏猪是目前世界上分布最广的两个猪种。我国自 20 世纪 60 年代起先后从瑞典、法国、荷兰、英国、丹麦引入长白猪，在我国各地均有饲养。是我国引进的优良瘦肉型猪种之一，在养猪生产中，常用作母系。不同国家的长白猪体型外貌和生产性能不尽相同，其中，以丹麦长白猪表现最优（图 2－1）。

图 2－1　长白猪

长白猪体躯特长，毛色全白，故在中国称之为长白猪。其外形呈流线型、两耳向前倾奄、背腰特直、腹线平直、体躯丰满、臀部肌肉特别发达。其缺点是四肢较细弱、体质和抗逆性较差、易发生应激反应。

长白猪成年公猪体重 250～350kg，成年母猪体重 220～300kg。后备公猪 6 月

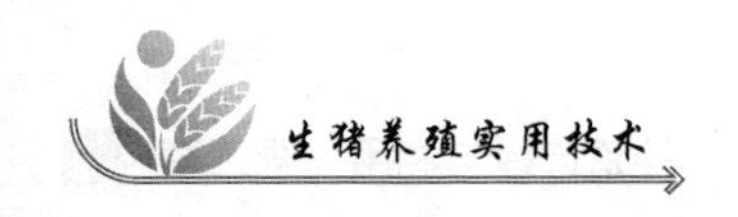

龄体重可达90～95kg，后备母猪可达85～95kg。生长肥育猪体25～90kg阶段，日增重750～800g，饲料利用率（2.8～3.0）：1，达90kg日龄165～175d。90kg体重屠宰率72%～74%，胴体瘦肉率64%～68%。

长白猪成熟较晚，公猪6月龄时性成熟，8月龄配种。初产母猪产仔数9.0～10.0头，产活仔数8.5头以上，初生窝重10.5kg以上。经产母猪产仔数11.0～12.0头，产活仔数10.3头以上，初生窝重13kg以上。长白猪与我国地方猪种均有较好的配合力，在我国猪的品种改良和杂交利用中发挥了重要作用，已成为我国养猪生产中重要的父、母本品种。

（二）大约克夏猪（大白猪）

原产于英国北部的约克郡及其周边地区。此猪种有大、中、小3个类型。大型猪称为大约克夏猪，又名大白猪。大约克夏猪为世界著名猪种，在世界范围内广泛分布。该品种体型大，毛色全白（少数额角皮上有小暗斑），故称为大白猪。该类型猪颜面微凹，耳大直立，背腰多微弓，四肢较高，有效乳头6对以上。与前驱相比，后躯欠丰满，但近年引进我国的新英系大白猪后躯非常丰满。

大约克夏猪具有生长速度快、饲料利用率高、胴体瘦肉率高、肉色好、产仔多、适应性强等优点。成年公猪体重250～300kg，成年母猪体重230～250kg。后备公猪6月龄体重可达90～100kg，后备母猪可达85～95kg。生长肥育猪25～90kg阶段日增重750～850g，达90kg体重日龄155～170d，饲料利用率（2.8～3.0）：1，90kg体重屠宰，屠宰率71%～73%，胴体瘦肉率64%～65%，肉质优良。

大约克夏猪性成熟晚，母猪初情期在5月龄左右，初产母猪产仔数9.5～10.5头，产活仔数8.5头以上，初生窝重10.5kg以上。经产母猪产仔数11.5～12.5头，产活仔数10.3头以上，初生窝重13kg以上。

图2－2　大约克夏猪

大约克夏猪与我国地方猪种杂交所得杂种猪具有明显的杂种优势。大约克夏猪与我国培育猪种如哈白猪、湖北白猪杂交后的杂种，其生长性能接近国外良种猪，同时具有产仔数较多、耐粗饲等优点。近年来，许多供港猪生产基地用大约克夏猪做第一母（父）本，然后再与杜洛克公猪杂交生产商品猪，取得了良好效果。商品猪日增重达到700g以上，胴体瘦肉率达到65%以上（图2－2）。

（三）杜洛克猪

原产于美国东北部，为世界著名鲜肉型品种。现在世界分布很广，我国1949年前已有引进。以后相继从日本、匈牙利和美国都有引入，并在我国各地饲养，对我国养猪业有较大影响。是我国引进的优良廋肉型猪种之一，在猪的杂交利用中主要作为终端父本。

杜洛克猪体型大、耳中等大小向前倾、颜面微凹、体躯深广、四肢粗壮、蹄壳黑色、腿臀肌肉丰满发达、毛色呈红棕色、但颜色深浅不一，从金黄到棕褐色均有，有效乳头6对。杜洛克猪成年公猪体重340～450kg，成年母猪体重300～390kg。后备公猪6月龄体重可达95～105kg，后备母猪可达90～100kg。

杜洛克猪性成熟晚，母猪一般在6～7月龄时开始发情。母性较差，产仔数较少。初产母猪产仔数8.0～9.0头，产活仔数8.2头以上，初生窝重10.0kg以上。经产母猪产仔数10.0头～11.0头，产活仔数9.8头以上，初生窝重13kg以上。

该品种猪生长快、饲料转化率高、抗逆性强。生长肥育猪25～90kg阶段日增重750～850g，饲料利用率（2.8～3.0）：1，达90kg体重日龄170d以下，90kg体重屠宰，屠宰率71%以上，胴体瘦肉率61%～65%，肉质优良，肌内脂肪含量高达4%以上（图2－3）。

图2－3 杜洛克猪

杜洛克猪与我国猪均有良好的配合力，特别适合做终端父本。我国“八五”国家养猪攻关课题筛选出的最优杂交组合中，大部分都是以杜洛克为终端父本。在生产商品猪的杂交中多用作三元杂交的终端父本或二元杂交中的父本。该品种可在我国绝大部分地区饲养，较适宜集约化养猪场、规模化猪场饲养。

第三节　杂交猪

杂交猪是指不同品种或品系间杂交所生产的杂种猪。杂交猪比亲本纯种猪具有繁殖力强、生长速度快、饲料利用率高、抗逆性强、容易饲养等特点。

一、二元杂交猪

二元杂交猪是指两品种杂交所生产的一代杂种猪。

（一）利用杜洛克、长白、大白等优良瘦肉型猪进行二元杂交

生产杜长、杜大、长大、大长等二元杂交猪。其杂交模式如下：

杜洛克♂　×　长白（大白）♀　　长白（大白）♂　×　大白（长白）♀

↓　　　　　　　　　　　　　　↓

杜长（或杜大）　　　　　　　　长大（或大长）

（二）利用杜洛克、长白、大白等优良瘦肉型公猪与辽宁黑猪、东北民猪等本地母猪进行二元杂交

生产杜本、长本、大本等二元杂交猪。其杂交模式如下：

杜洛克（或长白、大白）♂　×　本地♀

↓

杜本（长本、大本）

二、三元杂交猪

三元杂交猪是指两品种杂交所生产的一代杂种母猪，选留其中优秀个体，再与第三品种公猪杂交所生产的二代杂种猪。

（一）利用杜洛克、长白、大白等优良瘦肉型猪进行三元杂交

生产杜长大、杜大长等三元杂交猪。其杂交模式如下：

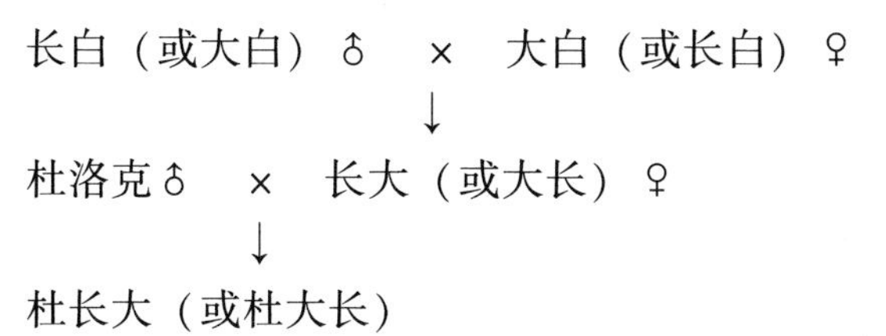

（二）利用杜洛克、长白、大白等优良瘦肉型公猪与辽宁黑猪、东北民猪等本地猪进行三元杂交

生产杜长本、杜大本等三元杂交猪。其杂交模式如下：

长白（或大白）♂　×　本地　♀
↓
杜洛克♂　×　长本（或大本）♀
↓
杜长本（或杜大本）

第四节　种猪选择

一、选种原则

选种就是从畜禽群体中选出符合人们要求的优良个体留作种用，它是品种改良和培育工作、提高猪的生产性能的一个重要环节。作为种猪一般要符合下列原则要求。

（一）生产性能优秀

猪种应具有较高的生产能力，而且所生产的产品品质要优秀。同时其生产效率应较高，且生产成本要较低。

（二）早熟和高繁殖力

种猪应具有发育良好的性器官以及明显的第二性征。此外，还应早熟，这样可以降低生产成本、迅速提供畜产品以及为进一步选种创造有利条件。

（三）利用价值高

这是对种猪的最终要求，也是最重要的原则。因为种猪的重要价值，不在于它本身能生产多少产品，而在于其是否能生产品质优良的后代。

（四）健康结实

这是种猪的必备条件之一。健康结实首先表明种猪能适应具体的环境条件，

其次证明种猪能够承担长期的高度生产力。

二、选种方法

选种的方法很多，主要有表型选择、家系选择、估计育种值选择、间接选择和综合选择等方法。主要介绍前两个选择。

（一）表型选择

表型选择就是根据个体性状表型质的高低进行选种的方法。猪的选种方法由最初着眼于外形，进一步发展为个体综合鉴定，从表型选择发展为基因型选择。

1. 猪的外形鉴定

猪的外形即猪的外部形态。外形不仅反映了家畜的外表，而且也反映家畜的体质、机能、生产性能和健康状态。通过外形观察研究家畜形态与机能之间的相互关系称为外形鉴定。

2. 肉眼鉴定

是外形鉴定的主要方法。它通过肉眼观察对猪的体质外形和种用价值进行评定。其过程是先整体后局部，在猪的轮廓图上将各部分的优缺点标出。该法的优点是可以观察到猪整体，弄清其健康状况及各部位的均称性，可以看到外形的缺陷，结构与形态上的特征，并可留下一个完整的活体印象。肉眼鉴定的方法并不易掌握，需要有丰富的经验和熟练的眼力。采用该方法具有一定的主观性，且记录不完整或没有记录。

3. 评分鉴定

是在肉眼鉴定的基础上对猪的各部位量化作为评定的依据。根据各部分的相对重要性，确定各部分的最高分值及系数，确定评分标准，制定评分表。采用这种方法可抓住要害部位，明确各部分相对重要性，但不能反映整体结构。

测量鉴定克服了评分鉴定方法的缺点，通过体尺测量、计算体尺指数以及绘制体尺图解从整体结构上比较种猪的好坏。

对种猪一般有以下几点具体的外形要求。

头颈部：头中等大小、额部稍宽、嘴鼻长短适中、上下腭唇吻合良好、耳大小适宜、颈部长度中等、无肥腮。

前躯：前胸肌肉丰富、鬐甲平宽无凹陷、胸宽而深、前肢站立姿势端正、开张行走有力、肢蹄坚实、无卧习。

中躯：背线微弓、肌肉丰满、腹线平直、腹壁无皱褶、乳头数 6 对以上、排列均匀整齐、乳头正常无缺陷。

后躯：臀部丰满、尾根较高、尾巴弯曲呈环状、无斜尻、大腿肌肉结实、肢蹄健壮有力。

皮毛：皮肤细腻、不显粗糙、皮毛光亮。

生殖器官：公猪睾丸发育良好、左右对称、包皮无积尿；母猪阴户充盈、发育较好。

（二）家系选择

所谓“家系”是指全同胞或半同胞的亲缘群体。家系选择就是把家系作为一个单位，根据家系的平均表型值高低进行选留和淘汰。家系选择的常用方法有两种：一种是同胞选择，即以种畜的同胞为依据的家系选择；另一种是后裔选择，也称后裔测定即以种畜的后代的平均表型值进行选种。

三、猪的杂种优势利用

不同种群的公母猪交配称为杂交，杂交产生的后代称为杂种。杂种往往在生活力、生长势和生产性能等方面，表现出在一定程度上优于其亲本群体，这种现象称之为杂种优势。在猪的选配工作中，如果考虑与配个体所隶属的种群特性和配种关系，则可将选配分为纯种繁育（简称纯繁）和杂种繁育（简称杂交）。与配双方隶属于相同的种群则称为纯繁，与配双方隶属于不同的种群则为杂交。

纯繁是指在本种群（品种）范围内，通过选种选配、品系繁育、改善培育条件等措施，以提高种群性能的一种方法。其目的是保持和发展一个种群的优良特性，增加群体内优良个体的比重，克服该种群的某些缺点，以达到保持种群纯度和提高整个种群质量的目的，通过纯繁获得纯种。纯种指猪本身及其祖先都属于一个种群，而且都具有该种群所特有的形态特征和生产性能。一般认为，级进到4代以上的高血杂种也看做纯种。

杂交是指选择不同种群的个体进行选配。杂交一方面可用于杂交育种，即以杂交的手段育成新品种；另一方面是开展杂种优势利用，生产比原有品种、品系或类群更能适应特殊环境条件的高产杂种猪。

纯种繁育是开展杂种优势利用的前提条件，没有纯种，也就不可能产生具有杂种优势的商品猪；不搞杂交，纯繁也就不能进一步提高生产力。

杂交在生产中的用途概括起来有以下3个方面。

①可综合双亲性状，育成新品种。

②改良畜禽的生产方向。

③产生杂种优势，提高生产力。

猪的生活习性

第一节 猪的生物学特性

一、性成熟早、多胎高产、世代间隔短、繁殖力强

母猪一般在4~6个月龄就达到性成熟，6~8月龄便可初次配种。母猪妊娠期为114d，加上仔猪哺乳期28~35d，断乳后母猪再发情配种7~10d，整个繁殖周期约为150d左右。由此推算，一头母猪一年至少可以产仔2.1窝。猪是多胎高产的家畜，母猪一次发情排卵12~20个，产仔10个左右。我国许多地方良种猪繁殖能力强、产仔多、性成熟早、母性强、优于国外猪种和培育品种。如产于我国太湖流域的太湖猪，初产猪平均每胎产仔数为12.11头，产活仔数为11.42头；经产母猪平均每胎产仔数为15.93头，产活仔数为14.12头。另外，母猪的护仔能力特别强，尤其是中国的地方猪种，不仅产仔数多，而且在仔猪哺乳期间，母猪的泌乳能力很好。猪的繁殖不受季节的影响，母猪在性成熟以后即按既定的时间出现性周期，在正常饲养管理条件下，母猪都能按期发情配种，不受季节影响。

二、生长发育迅速、生长周期短、生产周转快

猪的生长发育速度快，生长期较短。仔猪初生后2个月内生长发育特别快，一般60日龄体重约为初生重的8~9倍，8~10个月龄体重即可达到成年猪体重的50%左右，早熟肥育猪6个月体重可达90~100kg。因此，与其他家畜相比，猪的生产周期较短而生产周转较快。

三、听觉、嗅觉和触觉灵敏，视觉不发达

猪的听觉相当发达，外耳形很大，耳腔深而广，即使有微弱的声音，都能敏锐觉察到。仔猪生后几个小时，就对声音有反应，但要到2月龄左右才能分辨不

同的声音刺激，到3~4个月龄时，就能很快地辨别声音的刺激。猪对意外声响特别敏感，一个突如其来的声响，猪只马上一哄而起，在栏内骚动。母猪对其仔猪的叫声特别警觉，当仔猪遇到什么危难时，发出呼救声，母猪表现惊恐不安，同时引起母猪群的连锁反应，造成猪群骚乱。因此，应尽量保持猪舍安静，不轻易惊动小猪。

猪的嗅觉相当灵敏，其嗅区广阔，嗅黏膜绒毛面积很大，分布在嗅区的嗅神经非常密集，对气味的辨别力极强。猪可以觅到2m以内的地下矿物质，对气味的识别能力比狗高1倍。仔猪在生后几个小时便能依靠嗅觉寻找乳头，在3d内就能辨别自己认定吮食的乳头。因此，在仔猪生后3d内固定乳头较为顺利。母仔之间和个体之间也是通过气味来加以辨认。母猪能用嗅觉识别自己生下的仔猪，排斥非己的仔猪。个体间也是凭着嗅觉辨认同一栏里的伙伴、自己的圈舍和所处的卧位。猪有合群性，每个猪群都靠气味保持群体彼此和睦相处。若有些猪离群几天，再回到群内，由于气味有所变化，就会遭到攻击。公猪之间，只能从小养在一起，才能和睦相处，如互不相识的公猪养在一起或相互碰面，就会立即发生攻击。嗅觉在性本能中也有很大的作用，发情母猪闻到公猪的气味，即使公猪不在，也会发生呆立反应。同样，公猪嗅到母猪发情的气味，即使距离很远，也能准确地确定母猪所在的方位。

猪的视觉很弱，对光的强弱和物体形态的辨别能力很差，视距和视野范围也很小，不靠近物体看不见东西。猪对颜色的分辨力也很差。

四、小猪怕冷，大猪怕热

初生仔猪皮肤较薄，皮下脂肪较少，并且大脑皮层发育不全，体温调节中枢不健全。因此，调节体温的机能不完善，对外界温度环境适应能力差，因而仔猪怕冷。大猪的汗腺不发达，皮下脂肪较厚，所以不耐热，在热天的时候，不能靠出汗来散热，同时脂肪层也影响了体内热量的迅速散发，因此大猪怕热。所以，猪只有在温度、湿度适宜的条件下，才能达到仔猪成活率高、育肥猪增重快、饲料利用率高的目的。在养猪生产中必须做好防暑降温和防寒抗冻工作。另外，由于胚胎生长期短，导致初生仔猪各种器官系统发育不充分。除了体温调节能力完善外，其防护能力也相对较弱，对各种传染病抵抗能力差。因此，必须加强对仔猪的护理。

五、杂食动物、对饲料的利用能力强

猪是单胃杂食动物，可食用的饲料范围非常广泛，对饲料的利用能力强，饲料转化率高，能进食较大量的饲料并在短时间内加以消化。猪的牙齿很发达，可以咀嚼多种食物，因而能够很好地利用各种动物性饲料、植物性饲料以及各种加工副产品。但猪也有较强的择食性，能够辨别口味，特别喜爱甜食，仔猪对乳香味也颇有兴趣。猪是单胃动物，胃内没有分解粗纤维的微生物，因而利用粗纤维的能力不强，所以，猪的饲料中粗纤维的含量不宜太高。猪日粮中粗纤维含量超过适当比例，会导致消化率降低。如猪日粮中粗纤维含量在15% ~21%时，消化率达65.8%；而粗纤维达30%以上时，消化率只有37.3%。用青粗饲料喂猪时要注意调配一定量的精料，要多品种的饲料搭配使用，做到体积合适、适口性好、容易消化。猪的唾液腺、胃腺、胰腺、肝脏、肠腺等均能分泌大量的消化液。唾液含有淀粉酶，可将饲料初步消化。胃内分泌的消化酶和盐酸能够消化分解饲料蛋白和部分脂肪，盐酸还有助于活化蛋白酶和促进胰腺、胆汁的分泌，并有杀菌功效。在小肠内，饲料中的淀粉、蛋白质和脂肪被分解转化为葡萄糖、氨基酸和脂肪酸，完成对全部养分70% ~80%的吸收。猪不仅能很好的消化精饲料，而且还能较好地消化青粗饲料。我国地方猪种较耐粗饲，并且青粗饲料的利用率比国外引进猪种和培育猪种都高，生长发育也好。因此，在精料来源不足时，而青粗饲料比较丰富的地区，可选用我国地方良种猪进行饲养。

六、分布广、适应性强

猪是世界上分布最广、数量最多的家畜之一，对各种自然地理环境、气候等条件均有较强的适应能力。猪对环境条件的广泛适应性与其丰富多样的品种和种群资源有着密切的关系。对于不同的气候条件、饲料条件和饲养管理条件，几乎都能找到与之相适应的品种或类型。在对自然条件的适应性方面，主要的影响因素是温度。如前所述，猪的汗腺不发达，而皮下脂肪层厚，体内的热量不易散发。因此，猪对热的耐受性较差。另外，猪的表皮层较薄，被毛稀少，对强光照射的反射防护能力差。这些生理上的特点，导致猪不耐热。猪生长发育的适宜温度依日龄不同而异。肥育猪的适宜温度为20 ~23℃，哺乳仔猪由于温度调节能力差，其适宜的温度较高。仔猪1 ~3日龄为30 ~32℃，4 ~7日龄为28 ~30℃，15 ~30日龄为22 ~25℃。当遇到极端恶劣的环境或气候时，猪体会产生应激反应。如果机体不能抗衡这种极端环境，生理平衡就会遭到破坏，从而导致生长发育受阻，生命受到威胁，严重时患病或死亡。

第二节 猪的主要行为习性

猪对生活环境、气候和饲养管理条件等反应，在行为上都有其特殊的表现，而且有一定的规律性。随着养猪生产的发展，猪的行为学已越来越引起人们的重视。行为是指动物对某种刺激的反应，或是动物与其环境相互作用的方式。不同的动物对外界的刺激表现出不同的行为反应，同一种动物内不同个体行为反应也不一样。动物的行为习性部分由先天性的遗传因素所决定，部分取决于后天的调教、训练等外部因素。先天遗传与后天学习相互作用控制动物的行为反应。研究猪的行为学特点、发生机理以及调教方法和技术，已经成为提高养猪效益的有效途径。当前的集约化养猪多采用全舍饲、高密度、机械化、流水线生产的模式，这种生产方式不同程度地妨碍了猪的正常行为习性，猪与环境间不断发生矛盾，大量引起猪的应激反应。解决上述问题，必须从研究猪的行为习性入手，加强训练和调教，使其后天的行为表现符合现代化生产要求。如果我们掌握了猪的行为特性，就可以根据猪的行为特点，合理地利用这些行为习性，制定合理的饲养管理工艺，设计新型的猪舍和设备，改革传统饲养技术方法，从而最大限度地创造适于猪习性的环境条件，提高猪的生产性能，以获得最佳的经济效益。

一、“三角定位”的生活习性

猪不在吃睡的地方排粪尿，这是猪的本性。猪是家畜中较爱清洁的动物。在良好的饲养管理和调教下，猪能很好地保持其睡床干洁，在猪栏内远离睡床的一个固定地点排粪尿。吃食、睡觉、拉粪尿各在一个地方，这就是猪的三角定位，一旦固定下来就基本不变。所以猪初进圈或合栏并群时，就要注意调教。猪一般选择阴暗潮湿或污浊的角落排便。新猪刚入栏时，只需将它首次排泄的粪便放于猪圈的某一角落，或在预定粪尿的地方泼点水，在食槽内放些饲料，将其余场地打扫干净。稍加引导和调教，猪很快就能形成“三角定位”的生活方式，生活很有规律。

二、群居行为

猪是群居动物。在无猪舍的情况下，猪能自找固定地方居住，表现出定居漫游的习性。同一猪群个体之间保持熟悉、和睦相处，因而猪有良好的合群性和群居性。另一方面，猪群也有明显的争斗性，猪群具有明显的等级，这种等级在仔猪出生后不久即形成。仔猪初生后几小时内，为争夺前端的奶头会出现争斗行为，常常是先初生的或体重较大的仔猪抢到较好的奶头位置，而弱小的猪则只能吸吮后面的乳头。由于猪有以强欺弱的特性，强者抢食多，影响弱小猪只的生长发育。时间长了，往往会导致强者越强，弱者越弱。因此，在并群时，要考虑到按强弱分群，切不可强弱大小相差悬殊的个体放在同一栏内。

当不同猪窝重新组群时，原有的稳定的社群结构发生变化，则会暴发激烈的争斗，几天以后形成一个位次明显的新群体。一般体重大、体质强的猪占优位，年龄大的比年龄小的占优位。并且当一头陌生的猪进入一个猪群，这头猪立刻会成为全群猪攻击的对象，攻击往往是严厉的，轻则伤及皮肉，重则造成死亡。避免和减轻打斗可以采取以下方法。第一，用有强烈气味的物质（如氨水、白酒、煤油等）擦涂猪体，并将栏舍也喷洒同一种物质，使个体间气味一致；第二，将这些猪预先放在栏外场地上，让其混熟；第三，留弱不留强、拆多不拆少、夜并昼不并。进栏时，把小的、弱的留在原圈不动，把强的并进去；把猪少的群体留在原圈，猪多的群体并进去；选择临近天黑下班前并圈，以利用猪视力比较差的特点减缓其打架的程度，这样经过一夜下来猪群身上的气味已经基本接近。但由于群体位次确定的需要，猪只打斗仍然无法避免。因此，并圈后最初几天饲养人员应多加看护，以防发生咬伤事故。猪群饲养密度过大时，即使是一个稳定的猪群，也会发生为争夺饲料和争夺地盘争斗。当每头猪所占有的空间下降时，群内咬斗的次数和强度增加，从而降低了饲料采食量和增量。因此，在分群时必须考虑群体的密度不能太大，在密度合适的情况下也要防止群体太大。

三、母性行为

母性行为包括分娩前后母猪的一系列行为，包括衔草作窝、哺乳及其他抚育仔猪的行为。母猪临近分娩时，常有以前肢搂草絮窝的表现。当然，这种自然状态下的母性行为表现在现代化养猪生产中已表现的不完全。现代化的养猪场通常采用高床分娩架，临近分娩时，可见母猪神情不安、频频排尿、时起时卧、磨牙、摇尾以及经常改变姿势等行为。在一阵起卧之后，母猪躺下来强力努责，即已开始产仔。分娩时母猪多侧卧，时间一般在下午 4 时以后，夜间产仔较多。母猪在分娩后，发出哼哼的叫声，并通过身体姿势等主动引来仔猪的哺乳行为。一般母猪有很强的护仔行为，非常注意保护自己的仔猪，尤其在给仔猪哺乳期间，母猪行动很谨慎，行走、躺卧时尽量避免压伤、踩伤仔猪。一旦仔猪被压，只要听到仔猪的尖叫声，马上站起。我国地方品种一般都具有很强的母性，而现代培育猪种，尤其是高度选育的瘦肉型猪种，母性行为有所减弱。带仔母猪对外来入侵者有攻击行为，先发出警告式的吼声，提醒仔猪逃窜，母猪挡住了仔猪前面，张嘴吭叫或准备扑咬。因此，在哺乳母猪的饲养管理过程中应小心谨慎。

四、排泄行为

在良好的管理条件下，猪一般在食后、饮水或起卧时选择阴暗潮湿或污浊的角落排屎尿。生长猪在采食过程中不排泄，饱食后5min左右开始排泄1～2次，多为先排粪再排尿。猪在夜间一般排粪2～3次，夜间的排泄活动时间占昼夜排泄活动总时间的1.2%～1.7%。由于夜间长，所以猪早晨的排泄量大，早晨的排粪量约占总排粪量的27.9%。虽然猪是爱清洁的动物，但如果饲养密度过大，天生的排泄习性就会受到干扰，无法表现其爱清洁的特性。如生长肥育猪在每头平均占有面积小于1m^2时，它们的排泄行为就会变得混乱。

五、性行为

母猪的性行为包括发情、求偶和交配行为。公猪性行为包括求偶、调情、爬跨以及交配等行为。母猪发情初期表现为阴门潮红、食欲减退，发情高潮时，母猪在圈内神情不安、鸣叫、跳圈等，阴门充血肿胀，有黏液从阴道流出，频频排尿，爬跨其他公猪，并允许其他公猪爬跨。在发情的中后期，用手按压母猪背、臀部时，母猪呆立不动，表现呆立反应，为配种的适宜时期；发情后期，母猪性欲减退，不让公猪接近，食欲逐渐恢复。我国地方猪种母猪发情表现明显，而国外引进品种和杂交猪的发情往往不明显，只有阴门肿胀，并无其他表现。因此对这样的猪要注意观察，不要错过配种时机。母猪有时会有明显的配偶选择，对个别公猪表现强烈的厌恶。这可能是排斥不好公猪，或不到排卵的临近时期。公猪一旦接触母猪，会追逐或爬跨母猪。当公猪性兴奋时，还出现有节奏的排尿。在生产中公猪由于营养和运动关系，有时会出现性欲低下，或公猪发生自淫现象。群养公猪，常造成稳定的同性性行为的习性，群内地位低的公猪多被其他公猪爬跨。

六、探究行为

猪的探究行为大多数是朝向地面上的物体，通过看、听、闻、尝、啃、拱和触摸等对周围的环境和物体进行探查和体验。探究环境并从中获得信息是猪基本的生物学需要，探究行为促进了猪的学习，使学习容易化。利用仔猪的探究行为可以调教其尽早开食。仔猪出生后7～10日龄时即可开始诱食，此时仔猪已能独立活动嬉戏，对地面的东西闻、拱、咬等进行探究。仔猪的探究行为具有很大的模仿性，只要一个仔猪拱咬一样东西，其他仔猪也来追逐。诱食就是利用仔猪的探究行为和行为模仿特性，教会仔猪采食饲料。

七、活动与睡眠

猪的活动和睡眠有明显的昼夜节律。猪大部分在白天活动，温暖季节夜间也有活动和采食，阴冷天气时活动时间减少。休息高峰在半夜，清晨8时左右活动最多。猪活动与睡眠的时间因年龄不同而较大差异。仔猪在出生后3d，除吸乳和排泄外，几乎全是酣睡不动，昼夜休息时间平均为60%～70%；哺乳母猪睡卧时间随哺乳天数的增加而逐渐减少，起来活动时间和次数由少到多，由短到长，平均休息时间为80%～85%；肥猪平均休息时间为70%～85%；种猪为70%。

八、异常行为

异常行为是指超出正常范围的行为，通常称为恶癖，是指可能对人畜造成危害或带来经济损失的超出正常范围的行为。恶癖的产生多与动物所处的不利环境或其他有害的长期刺激有关，因此在生产中可将异常行为的发生作为环境不良的指标之一。常见的异常行为有拱癖、嚼癖、咬尾等，一般是由长期圈养或营养不良等引起。随着饲养密度的增加，活动范围受限制程度的增加，猪的异常行为表现得更多更明显。如不停地啃咬栏柱、争斗行为增加、相互咬尾等。这些异常行为都会给生产带来很大的危害和损失。

第四章 猪的营养与饲料

第一节 猪的营养需要

一、饲料原粮分类

为了维持猪的生命与健康，保证其正常的生长发育，并能用同样的饲料生产更多的猪肉，必须合理地为猪提供各种营养物质，以满足猪维持生命、生长发育、繁殖和各种生理活动的需要。

饲料的种类很多，各种饲料的营养成分各不相同。自然界没有任何一种饲料原料可以同时满足猪的所有营养需要。因此，在了解各种饲料营养特性的基础上，应合理组合搭配饲料，以满足各种猪的营养需要。

饲料按来源、特性和营养价值可分为能量饲料、蛋白质饲料、青饲料、青贮饲料和矿物质饲料及添加剂等。

（一）能量饲料

猪维持生命、生长发育、繁殖和进行各种生理活动都需要能量。猪所需要的能量来自于饲料中的有机物——碳水化合物、脂肪和蛋白质。这 3 种营养物质在猪体内通过生物氧化过程，释放出热能，用来维持生命和进行生产。猪的能量来源主要是碳水化合物，当热能原料过剩时，猪能把它转变成脂肪储存体内；相反，如热能原料供应不足时，猪体内储备的脂肪甚至蛋白质也可被动用来作为热能供应的物质。

饲料干物质中粗蛋白质含量在 20% 以下，同时粗纤维含量在 18% 以下，每千克饲料干物质中含消化能 104.67kJ 以上的饲料称能量饲料。属于能量饲料的有谷类籽实（玉米、稻谷、小麦、大麦、高粱等）及其副产品（小麦麸、米糠、次粉等）和块根、块茎以及油脂（动、植物脂肪）等。

（二）蛋白质饲料

蛋白质不仅是猪体组织、器官、肌肉、皮毛、血液的主要组成成分，而且在维持生命过程中，它还以激素和酶的形式广泛地参与机体的各种生理机能和代谢过程。猪对物质的消化、吸收、转运过程是由各种酶、载体完成的，缺乏这些特殊蛋白质，会引起猪生理功能的紊乱，甚至死亡。蛋白质也是猪体组织更新所需的原料，无论处于生长还是维持状态，体组织蛋白都在不断地进行着合成和降解，在这一过程中不可避免地有一部分氨基酸损失。因此，需要从外界摄入蛋白质以进行补充，当摄入蛋白质超过维持需要时，则作为合成各种动物产品的原料。动物没有贮存蛋白质原料的功能，过量摄入的蛋白质可转化成糖元或体脂作为能量贮备。由于蛋白质的营养作用，不能由脂类、碳水化合物或其他营养物质代替。猪要维持正常的生命、生长发育和繁殖就必须从饲料中获取一定数量的蛋白质，以满足机体各个组织、器官合成蛋白质的需要。

氨基酸是组成蛋白质的基本单位。氨基酸可分必需氨基酸（猪体内不能合成或合成量不够，必须从饲料中获取的氨基酸）和非必需氨基酸两大类。猪的必需氨基酸包括赖氨酸、蛋氨酸、色氨酸、精氨酸、组氨酸、苏氨酸、缬氨酸、亮氨酸、异亮氨酸、苯丙氨酸共10种。

蛋白质含量在20%以上的饲料都称蛋白质饲料。蛋白质饲料主要包括植物性蛋白质饲料、动物性蛋白质饲料、单细胞蛋白质饲料与非蛋白氮饲料。

植物性蛋白质饲料。主要有豆类、饼类和渣类，如大豆、绿豆、蚕豆、豌豆、赤豆和菜饼、豆饼、粉糟、豆腐渣等。

动物性蛋白质饲料。主要有鱼粉、血浆蛋白、肠膜蛋白、肉骨粉、羽毛粉、蚕蛹粉、蚯蚓、蜗牛等，是幼畜必需的饲料。

单细胞蛋白质饲料。主要有各种酵母、单细胞藻类。

非蛋白氮饲料。包括尿素和某些铵盐等。

（三）矿物质饲料

矿物质是调节渗透活性、pH值、氧的运输、能量代谢、多种酶活性的激活、骨骼的形成等所必需的。猪需10多种矿物质元素，其中，需要量最多的是氯、钠、钙、磷4种。上述能量饲料和蛋白质饲料很难满足猪对这些矿质元素的需要，必须由矿物质饲料予以补充。分常量矿物质饲料（食盐、磷酸氢钙、石粉、贝壳粉等）和微量矿物质饲料（铜、铁、锌、锰、碘、钴、硒、铬）两种。

矿物质饲料很重要，但不宜太多。营养学家发现，钙的过量会导致很多微量元素的效用下降。

（四）维生素饲料

维生素是维持猪的正常生理机能和生命活动所必需的微量低分子有机化合物。它们是形成动物机体各种组织器官的原料。它们主要以辅酶和催化剂的形式广泛参与体内代谢的各种化学反应，从而保证机体组织器官的细胞结构和功能的正常运作。因此，又称维生素为生物活性物质。猪对维生素的需要量甚微，但其作用非其他营养物质所能替代。维生素供应不足，会产生严重的缺乏症，给生产带来损失。维生素包括脂溶性维生素（维生素 A、维生素 D、维生素 E、维生素 K 等）和水溶性维生素（B 族维生素和维生素 C 等），其中维生素 D、维生素 C 在猪体内可以合成，不易缺乏，其余要从饲料中摄取。

猪对维生素的需要量极少，但它是不可缺少的。猪的一切新陈代谢活动都离不开各种酶，而维生素是酶的组成部分，有的直接参与酶的活动，临床上表现出特有的维生素缺乏症。饲喂青绿多汁的饲料是补充维生素的有效途径，某些动物性饲料中亦含有维生素，如鱼粉、鱼肝油中含丰富的维生素 A 等。

（五）氨基酸饲料

指根据饲料成分特点及生猪生长发育特点而补充的氨基酸，在猪生产中应用最多的是赖氨酸和蛋氨酸，也已开始投入生产与使用的还有苏氨酸和色氨酸。

（六）添加剂饲料

猪的饲料添加剂是指猪基础饲粮中添加的微量成分。为了补充基础饲粮中某些微量成分的不足，提高基础饲粮的饲喂效果，需要添加某些微量成分。尽管饲料添加剂补充的数量微乎其微，但是，如能合理添加，其效果却很显著。猪饲料中合理利用添加剂有利于保持猪的健康，促进其生长发育，提高饲料利用率和养猪生产的经济效益。

养猪生产中，补充何种饲料添加剂及补充多少量，主要取决于猪的饲粮状况和实际需要，即根据缺什么补什么，缺多少就补多少的原则，合理使用添加剂。同时，饲料添加剂的选用还应符合安全性、经济性和使用方便等要求。使用前要考虑添加剂的效果（质量）和有效期，并注意其用量、用法、限用和禁用等规定。

二、饲料选购注意事项

原料是饲料生产的基础，选择原料首先要保证原料的 90% 来源于已认定的绿色食品及其副产品。才能确保饲料原料的品质和安全。同时应在原料选择时注意以下要求：一是原粮产地环境符合无公害生产要求；二是原料生产、加工运输过程符合无公害生产要求；三是尽量减少饲料原料中的毒性成分（霉菌毒素），严禁使用霉变饲料原料；四是了解各种饲料原粮的营养价值，控制抗营养因子的存在。提高消化率、减少排泄，进而相应的提高动物生产性能。以下就养猪生产中主要原料的选择做一介绍。

（一）能量饲料

猪常用的能量饲料包括禾本科籽实类、糠麸类、块根块茎类等。目前在猪日粮生产中主要使用的能量饲料有玉米、高粱、小麦、大麦、碎米、糠麸类。此类饲料一般淀粉含量较高、消化性好、有效能值高。

1. 玉米

猪日粮中玉米是主要的能量饲料。一般含蛋白 8% ~9%，猪的消化能为 14.27MJ/kg。品质随收割方式、储存期、储存条件而变化，另外，产地及上市季节与品质关系密切。玉米感观现状应籽粒整齐、均匀，色泽鲜亮，无发霉及异味。实际生产中应注意以下几个方面。

（1）水分含量。高水分玉米易霉变，通常控制在 14% 以下。

（2）霉变。观察玉米胚芽部分，如发现胚芽发黑，说明已经霉变，应检查黄曲霉素的含量，如大于 20μg/kg 应严格控制用量。

（3）由于玉米缺乏赖氨酸，所以，必须额外添加赖氨酸。

2. 小麦

小麦蛋白质含量和品质都较玉米高，能量与玉米接近，适口性较玉米好。相对于玉米而言，其生物学效价为 100 ~105。生长肥育猪使用，可减少黄脂肪，提高猪肉品质。但小麦品种间蛋白质含量差异很大，一般含粗蛋白 13.9%，猪的消化能 14.18 MJ/kg。与玉米比较，小麦蛋白质及维生素含量较高，但是生物素的含量较低及利用率都较低，作为主要原料代替玉米时应该注意补充生物素。此外，小麦也缺乏赖氨酸，适应时应注意适当补充。小麦含有抗营养因子戊聚糖、植酸磷等，猪不能消化吸收，经粪便排出体外，易造成环境污染。大量使用时，应添加戊聚糖酶、植酸酶，以提高其消化吸收率，减少排泄，减缓对环境的污染。此外，小麦易感染赤霉菌，赤霉菌可引起猪急性呕吐。用于乳猪一般以粉状较好，用于中大猪一般以破碎较好，否则适口性较差。

3. 大麦

大麦品种较多，营养成分变异很大，使用时应分析准确数字后使用，一般含粗蛋白 11%，猪的消化能为 12.64MJ/kg。大麦易感染麦角、霉菌等微生物，导致生猪中毒，应避免使用较差的大麦。一般乳仔猪建议不要使用大麦。育肥猪一般建议取代 10% ~15% 的玉米。另外，大麦含有葡聚糖，应添加葡聚糖酶。

4. 糠麸类

糠麸类饲料即谷类籽实的加工副产品。在仔猪、生长猪日粮中不宜用量过多。怀孕母猪可适当加大用量，控制在20%左右。糠麸类一般植酸磷含量较高，猪不能消化利用，对环境的污染较严重，应注意添加植酸酶，减少磷对环境的污染。

5. 其他能量饲料

高粱、燕麦、黑麦应更具价格及实际测定的营养数据综合考虑使用。

（二）蛋白饲料

蛋白质饲料是指干物质中粗纤维含量低于18%，粗蛋白高于20%的饲料。这类饲料的粗纤维含量低，可消化养分多，是配合饲料的基本成分。

1. 大豆饼粕

大豆是世界上最重要的蛋白源和食用油的来源。大豆含蛋白质约35%，含油约18%。猪日粮中所用的两种大豆制品是去皮豆粕（粗蛋白47%～49%）和常规豆粕（粗蛋白44%）。豆粕是用提取法生产的。用油剂来提取油，然后对豆粕精心焙烤，破坏豆粕中的胰蛋白酶抑制因子。这一过程的温度控制非常重要，加热过度使氨基酸和碳水化合物结合起来，降低氨基酸的消化率，尤其赖氨酸的消化率。人工乳及教槽料中豆粕应限制使用，因纤维素含量较多，且其中糖类为多糖及寡糖（棉籽糖、水苏糖），含量7%左右，幼畜无相应的酶分解。建议使用酶制剂增加消化吸收，减少腹泻。另外，豆类含有胰蛋白酶抑制因子可抑制胰蛋白酶的活性，导致蛋白质消化率降低，未降解的蛋白质随粪便排泄，导致环境气味问题和地下水污染。此外，还应该注意磷的污染，由于含有植酸，猪消化道缺乏植酸酶，猪对植酸酶的利用率很低。为了满足猪对磷的需求，必须在日粮中添加大量的无机磷。大量的日粮磷，加上日粮中的植酸磷，导致磷的排泄过多，造成环境磷污染。所以必须添加植酸酶降低磷的污染。

2. 棉籽（饼）粕

脱壳棉仁粕粗蛋白含量41%～44%，代谢能为10.03MJ/kg。棉粕中含有游离棉酚可使猪中毒，一般应限量使用，同时补充赖氨酸、钙，乳仔猪和种猪不宜使用。当日粮含棉籽饼在10%以下，虽然生前没有明显症状，但宰后可见病理损害，肉品质下降，肝等内脏无商品价值，造成经济损失。因为棉籽饼有毒成分棉酚是一种嗜细胞性有毒物质，可损害肝细胞、心肌和骨骼肌，并与体内硫和蛋白质相结合，损害血红蛋白中的铁，且导致猪贫血。

3. 菜籽（饼）粕

菜籽代谢能低（8.36MJ/kg），粗蛋白36%左右。菜籽饼（粕）因为含芥子

(苷)，为一种配糖体，在芥子酶作用下，可生成硫氰酸盐、异硫氰酸盐、恶唑烷硫酮、腈等促甲状腺肿毒素，可抑制碘在甲状腺内吸收，而引起甲状腺肿。腈还可损害猪，特别是幼龄仔猪的肝脏、肾脏，造成死亡率增加，乳仔猪不宜使用。通常饲喂未经脱毒的菜籽饼粕的猪易出现中毒，表现为不安、流涎、食欲废绝、腹痛、下痢、口鼻周围有泡沫等。猪饲料中应严格控制用量，一般5%～8%。

4. 鱼粉

鱼粉是猪的优良蛋白饲料，含粗蛋白质60%～65%，具有提高增重和饲料利用率的作用，乳仔猪尤为明显。一般建议用量3%～5%。使用时应注意防止掺假、盐分含量不合要求、变质发霉、污染沙门氏菌等。

(三) 矿物质、维生素、氨基酸饲料

建议猪场使用由专业添加剂厂生产的预混合饲料。预混合饲料是指将微量添加物维生素、矿物质饲料、稀释剂，载体以科学的方法，高度精确的技术配制成一种产品。其配制过程需要专业的技术。猪场只要添加能量饲料、蛋白质饲料就可以保证猪不同阶段生产需要。可以避免由于采购量少、运输等造成的成本增加。同时可以投入更多的精力去加强饲料管理。在选择时应注意以下问题：一是符合农业部《饲料和饲料添加剂管理条例》和《饲料药物添加剂使用规范》；二是不能使用高铜、高锌、阿散酸，减少对环境的污染；三是符合饲料卫生标准。使用这些原料时应注意以下事项。

向有信誉的厂商购买。

注意生产日期和有效期。

储藏时间不宜过长。

按照说明书使用。

注意停药期的规定。

(四) 添加剂类

抗生素类。抗生素类是由微生物产生的物质，它可以杀死或抑制其他微生物的生长。

促生长类（生长促进剂）。生长促进剂是通过激素的系统作用、生化或代谢过程促进猪的生长速度、饲料利用率的物质。一些抗生素常用于促进猪的生长。硫酸铜也属于生长促进剂。

益生素。益生素是活菌制剂，主要是酵母菌和细菌。人们认为它增加了肠道中有益微生物区系的数量，取代了致病性微生物，如大肠杆菌。其他有益的作用包括消除有毒物质和降低 pH 值，对幼猪可以促进日增重和饲料利用率。

酸制剂。酸制剂添加到断乳和生长猪饲料中的目的是提高胃中的酸度，增加胃蛋白酶的活性，从而促进蛋白质的消化。另外，保持胃内酸度可以促进有益消化道健康和机体的产酸菌的繁殖，这对消化道发育不完善的断奶仔猪尤为重要。一些有机酸及其钙盐也用于增加胃内酸度。其中，有正磷酸、甲酸、柠檬酸、苹果酸和丙酸。酸化剂对植物性蛋白质含量较高，乳产品及动物性蛋白含量较低的日粮效果较好。

酶类。在刚断乳仔猪日粮中加酶是非常有益的，因为它们消化淀粉，植物蛋白质必须的消化酶尚未完善。常见的酶制剂为复合酶制剂，由于酶具有高效性、专一性（植酸酶只对植酸有用），所以，在使用酶制剂时一定要根据需要添加。

调味剂。饲料中常添加一些调味剂。这种添加剂可以改进饲料的适口性，从而提高采食量和改进饲料利用率。

三、饲料安全

饲料安全是指饲料产品在加工、运输及饲养动物转化为动物产品的过程中，对动物健康和生产性能、人类健康和生活以及生态环境的可持续发展等不会产生负面影响的特性。我国饲料安全状况总体上是好的，但目前我国的少数饲料和部分养殖企业片面追求效益，违反有关饲料法规，滥用抗生素、促生长激素和一些化学合成药，如盐酸克伦特罗、安眠药以及超量、超范围使用药物饲料添加剂和兽药等，致使畜产品药物残留量过高，从而危及人体安全，不利于养殖产品消费市场的进一步开拓，也影响着我国养殖业产品比较优势的发挥和饲料工业的持续健康发展。饲料工业是涉及多学科、多部门的新兴产业，是直接关系到人民身体健康安全的一个特殊行业，也是与农业发展和农民实现小康生活水平密切相关的重要行业。最近，国务院领导同志多次就加强饲料安全管理工作做出批示，要求加强饲料安全管理工作，建立健全饲料检测体系，制定完善饲料标准和检测方法，加大对饲料中使用违禁药品的查处力度，确保饲料安全。各地畜牧、饲料和药品监督管理部门要联合起来，堵截源头，让人们吃到更加安全放心的畜禽产品。

饲料安全问题，因为人们感受不到那么直接，便不像对待食品那样高度重视。然而，近年来由饲料安全问题引发的食品安全问题的事件此起彼伏，使许多消费者至今仍心有余悸。例如，1990 年，西班牙发生了因食入含有盐酸克伦特罗的饲养动物肝脏而引起 43 个家庭集体中毒。1998 年 5 月，香港居民因食用内地的供港猪内脏，造成 17 人中毒，同期广东高明市人民医院一周之内竟发现有 7

例因喝猪肺汤中毒事件。1999 年 5 月比利时发生了仅次于英国疯牛病的大灾难——“二噁英”污染鸡肉、蛋、奶事件，造成直接经济损失 25 亿欧元。事件发生后，比利时的卫生部长和农业部长被迫辞职。

上述事件所指的饲料安全是狭义的饲料安全，从广义上讲，饲料安全还应包括饲料产品总量供求平衡。饲料产品安全是指安全的饲料产品通过饲养动物转化为人们日常食用的安全食品肉、蛋、奶、鱼和其他畜产品等。如果饲养产品中存在不安全因素，譬如含有毒副作用和违禁物质，必然影响饲养动物的正常健康生长，其残留转移、积蓄，不仅污染环境，不利于生态环境的可持续发展，而且最终也影响到人类健康。

我国虽然是第一产粮大国，人均粮食在 400kg 左右，但却没有更多的饲料粮。从这个角度上讲，中国的粮食问题实质上是饲料粮问题。因此，饲料总量是否充足，是直接关系到动物性食品的供应总量和国家粮食安全的长远战略问题。

饲料安全即食品安全的概念在世界范围内已成为共识。食品和饲料在美国是同一概念，适用于同一部法律；丹麦政府为了保证食品安全，制定了饲料生产中禁止使用抗生素的规定；欧盟为了保障食品安全，明令从 2001 年 6 月开始禁止在饲料中添加 4 种抗生素；我国政府一直把健全饲料法律法规，禁止在饲料中滥用抗生素、激素等药品作为保证养殖业健康发展，维护人民身体健康的重要措施。

2001 年 5 月 29 日，国务院颁布了《饲料和饲料添加剂管理条例》（以下简称《条例》），使我国饲料安全工作步入了依法管理的轨道，也对我国的饲料安全工作有了很大的推进。作为畜牧兽医和饲料行政主管部门，农业部结合兽药、饲料、和饲料添加剂管理条例的贯彻施行，在鼓励研究、创制“糖萜素”、“低聚寡糖”等无污染、无残留的饲料添加剂产品的同时，加强饲料安全管理工作，加大了对饲料和饲料添加剂中添加违禁药品的查处力度。一是先后下达了 1999 年和 2000 年全国“饲料/水”中药物残留的监控计划，力求把住“病从口如”这一关；二是下发了 1999 年和 2000 年在全国范围内查处生产含有违禁药品的饲料和饲料添加剂的通知，并对使用违禁药品情况较严重的重点地区进行专项检查；三是与国家药品监督管理局联合发文，要求各地迅速组织查处生产、销售和使用违禁药品的违法行为。目前滥用违禁药品的违法行为已基本得到遏制，饲料产品的安全基本得到了保障。

但是，我国饲料安全工作仍然存在着隐患。一是对滥用抗生素导致细菌耐药性的研究和检测工作还不到位，不利于采取切实措施限制抗生素等药品的使用；

二是尚无统一的违禁药品检测方法标准，目前各种违禁药品检测均使用国外或国际标准，由于方法不一致，可比性差，亟须制定国家或行业标准；三是缺少必要的检测仪器。违禁药品在饲料中添加量很小，检测难度大，对检测仪器要求高，而这些仪器又比较昂贵，大多数省级饲料检测机构无力购买。

因此，今后要进一步完善《条例》的配套规章，为饲料依法行政提供法律和技术依据。各地畜牧兽医、饲料和药品监督管理部门也将联合行动，从违禁药品的源头抓起，进一步加大对使用违禁药品者的处罚力度。继续鼓励研究、创制无污染、无公害、无残留的新型饲料和新型饲料添加剂。

四、各类猪的营养需要

营养需要是指猪在生命活动和生产过程中，每天每头猪对能量、蛋白质、维生素、矿物质、水等的需要量。

（一）仔猪的营养需要

早期断奶仔猪消化系统发育不成熟，消化机能不完善；仔猪缺乏先天性免疫力，抵抗力差。保证仔猪在断奶几周内有令人满意的生长速度是养猪生产中重要的一个环节。两个主要的因素是饲料与营养。

仔猪在21~23d断奶，断奶前的采食量非常小，一般小于1kg，供应开始料的主要目的是促使仔猪消化道消化砳系统的发育，以及微生物群对断奶后采食固体饲料的适应，用于这个目的高质量补饲日粮应具有如下特点：①含有35%~40%的奶产品；②其中的92%~94%是可消化的；③含非抗原性原料；④仅含软油脂；⑤使用热处理淀粉。断奶后，仔猪采食低脂肪、低乳糖、高碳水化合物的谷物和大豆粕配成的固体饲料，仔猪常会表现出断奶应激、腹泻、死亡、生长迟缓等。5~10kg仔猪根据NRC（1998）及其他研究结果，氨基酸及代谢能的营养需要如表4-1所示。

表4-1 5~10kg仔猪营养需要

营养成分	营养水平
可消化能（MJ/kg）	13.79
粗蛋白（%）	20~22
赖氨酸（%）	1.4
苏氨酸（%）	0.85
色氨酸（%）	0.26

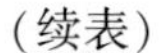
（续表）

营养成分	营养水平
蛋氨酸+胱氨酸（%）	0.78
钙（%）	0.9
磷（%）	0.7

5～20kg 断奶仔猪的营养需要，不同阶段、不同研究结果差异较大，主要与品种、日粮类型、断奶日龄及饲养环境等因素有关。仔猪矿物质需要方面的研究有限，个别矿物质的需要量是在其他营养素满足的情况确定的，包括钙、磷、钠、氯、铜、铁、锌、碘、锰、硒等。

据最新研究表明，仔猪饲料中添加有机态的铁，可以提高仔猪增重、断奶体重和血红蛋白含量。仔猪维生素的需要包括脂溶性及水溶性两大类，前者包括维生素 A、维生素 D、维生素 E、维生素 K，后者包括维生素 B 族、烟酸、泛酸、胆碱及维生素 B_{12}、生物素。仔猪对矿物质及维生素的需要高于肉猪和仔猪，一般以预混料的方式加入饲料。

（二）肥育猪的营养需要

猪育肥的最终目的是使养猪生产者以最少的投入，生产出量多质优的猪肉供应市场，满足市场需求。生长肥育猪在不同的生长发育阶段表现出不同发育规律和不同的消化力。日粮的质量是影响生长肥育猪生产性能的重要因素之一。

1. 能量和蛋白质的营养需要

生长肥育猪主要的生理过程是维持和生长。每日蛋白质（赖氨酸）的需要直接取决于每日蛋白质的沉积，每日的能量需要可能有较大的变化，增高日粮能量含量可以提高生产性能和增加经济效益。20～50kg 体重的猪肠道容量是 1.8～2.0kg。对于快速生长的猪来讲，为了获取每日 30～32MJ 的消化能，每千克日粮必需含有 14.5～15MJ 的消化能，生猪一旦达到 50kg 体重，蛋白质沉积过程所需的消化能分别为：慢速生长生猪每天需要 32MJ，而快速生长生猪每天需要 40MJ。超过维持和生长所需的能量摄入以体脂的形式储存在体内，猪对能量的消化率随猪活重的增加而直线增高。一般来说，采食量与日粮能量浓度有关，能量越高，采食量越低。随着日粮能量浓度的提高，猪的日增重和饲料转化率都提高。猪的采食量随体重的增长而增加。日粮中的蛋白质（必需氨基酸和非必需氨基酸）用于瘦肉组织的生长和相关的蛋白质转化。多余的蛋白质脱氨，氨氮经尿排出体外，这一脱氨和排尿过程需要花费与蛋白质有关的能量成本，为了获得最大的瘦肉增重和最小的脂肪增重，必须以适宜的蛋白能量平衡方法配制日粮，给生长肥育猪饲喂理想蛋白质饲料可以降低粪便中氮的排泄，降低环境污染。但对生长肥育猪赖氨酸的供给特别注意，赖氨酸过低，瘦肉组织生成量将会降低。

2. *矿物质的营养需要*

猪最易患矿物质缺乏症。按灰分含量测定，猪体内的矿物质含量相对一致，一般占体重的3%。尽管如此，已知猪体的灰分含量从出生到145kg，随着体重的增加而呈线性增加，这是猪生长过程中骨骼强度矿物质化以及骨骼的相对重量逐渐增加的缘故。在营养充足的情况下，猪体内矿物质含量和增加量与他的整体生长速度密切相关，换言之，快速生长猪较慢速生长猪有较高水平的每日矿物质需要量。对生长猪可利用钙、磷、镁需要量进行比较，如表4－2所示。

表4－2　生长猪可利用钙、磷、镁需要量的比较

来源 体重（kg）	ARC（1981） 45	NRC（1988） 50～110	NRC（1998） 57.5	建议57.5
钙（g/d）	7.7	15.6	10.6	12.0
磷（g/d）	4.6	4.7	4.7	4.8
镁（g/d）	0.4	1.2	0.27	0.32

（三）母猪的营养需要

现代养猪生产集约化程度越来越高，母猪繁殖性能不断改善，仔猪断奶日龄日趋提前。母猪是养猪中最关键的生产环节。母猪的营养需要与5～10年前相比，现代母猪品种的特点是初配年龄较小较瘦，而繁殖力较高，产奶量较高。母猪在一个繁殖周期中各个阶段都是相互联系的，因而每一个阶段的营养状况对另一个阶段的生产性能产生显著的影响而这些影响可能在几个胎次中都看不出来。因此，母猪每一个阶段的营养都非常重要

1. *妊娠期的营养需要*

主要考虑母猪体重和目标增重。妊娠期的营养与胚胎发育、仔猪出生重、生活力及出生后的体增重有密切关系。根据母猪和胎儿的营养生理规律供给合理营养，是发挥母猪最大繁殖力的重要保证。

妊娠猪的营养需要＝维持需要＋妊娠需要。

妊娠母猪能量需要主要用于维持，需要量随机体储备、环境温度、猪的行为而不同。另一方面是要保证母猪体重有中等程度的提高，一般来讲，初产母猪为40～50kg，经产母猪为25kg。妊娠早期要特别注意能量的供给，供给母猪高水平的能量，会降低孕酮的水平从而增高胚胎的死亡率。但随着妊娠期的延长，母猪

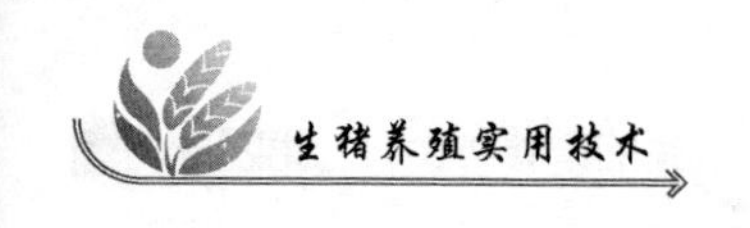

对营养的需求也增加，以保证胚胎发育的营养需要。在妊娠最后一个月应加强饲料管理，保证胎儿沉积更多的能量，提高出生重和哺乳期的成活率。妊娠母猪蛋白质的需要量随妊娠期的增加而增加，每天增加 8 ~ 12g。总之，对妊娠母猪来讲，对蛋白质的需求降低，能量的需求有很大的变化，可以有效利用粗纤维。妊娠期应特别注意维生素与矿物质的供给。

2. 哺乳母猪的营养需要

主要考虑母猪体重和泌乳量。1 头哺乳母猪每天产奶量大致为 5 ~ 7kg。其中干物质产量相当于妊娠母猪在妊娠 114d 时两天的干物质产量。所以说，哺乳母猪的营养需求比妊娠母猪要高。能量和蛋白质需要量随泌乳量（窝增重）的增加而增加，应该最大限度的增加采食量 Aherne（1994）提供的材料表明，头胎母猪采食量提高 1kg/d（由 4. 5kg/d 到 5. 5kg/d），其第二胎产仔数提高 1 头（由 10. 2 头/窝到 11. 2 头/窝），同时，提高这一阶段的采食量可以缩短发情间隔（Tokach 等，1992；Koketsu 等，1996），这一阶段需要饲喂优质日粮，可以通过提高日粮能量浓度增加能量摄入，蛋白质也要有足够的摄入，以保证在断奶后能及时发情和排卵。泌乳期，蛋白质摄入量小的话，会导致母猪在断奶后延迟发情和受孕，特别是第一次泌乳后。应尽一切可能减少热应激，优质（能量和蛋白质）日粮可缓解高温对生产性能的负面影响。哺乳母猪日粮营养水平影响仔猪断奶前的生长发育，保证哺乳期母猪充足的营养非常重要（Cole，1989）。泌乳母猪比妊娠母猪需要较高的矿物质，经产母猪体内矿物质含量比未妊娠母猪体内矿物质含量低。维生素，如维生素 A、维生素 E、叶酸、生物素等对母猪繁殖性能都有良好的改善作用。

3. 后备母猪的营养

仔猪断奶到初配前的时期为后备期。后备母猪一般要特别注意能量和蛋白质的比例，同时要注意补充矿物质、维生素和必需氨基酸。一般采取前高后低的营养水平，营养水平不足，生长缓慢，初情期推迟；营养水平过高，初情期提前，对繁殖性能有影响。

（四）公猪的营养需要

种公猪与其他家畜公畜相比，有精液量大、总精子数目多交配时间长等特点，需要消耗较多的营养物质，特别是蛋白质。公猪是种猪群中的一个重要部分，种公猪理想的繁殖性能具有很重要的价值，因为相对较小数量的种公猪要配相当大数量的母猪。对于种公猪来讲，营养需要能够保持其生长和原有的体况即可。能量对后备公猪和成年公猪的配种性能都非常重要，对成年公猪，当能量不足时，性机能和性欲都降低。采食能量过高，导致公猪过肥，性欲降低。日粮中蛋白质缺乏或不足，会导致精液品质下降。日粮蛋白质水平过高，在能量不足时被作为能量消耗，当能量充足时将导致代谢紊乱和代谢病，甚至引起不育。微量元素铁、锌、硒对精液品质有直接或间接影响。据最新报道，有机的微量元素对公猪精液有明显改善。硒与维生素对精液品质和受精率的影响见表4－3。

表4－3 硒与维生素对精液品质和受精率的影响

	硒（mg/kg）		维生素E（IU/kg）	
	0	0.5	0	220
精液体积（mg）	158	213	175	195
精液浓度（$*10^6$/ml）	807	946	965	788
精子活力（%）	60.4	87.9	72.5	75.8
正常精子含量（%）	24.2	61.9	41.4	44.8
受精率（%）	73.4	98.5	89.1	87.2

五、猪的饲养标准

饲养标准是通过大量的试验研究和生产实践总结出来的满足猪生长发育、生产、繁殖所需的各种营养物质的数量，它是饲料配合的重要依据。在我国养猪生产中，参考价值较高的饲养标准有中国瘦肉型猪饲养标准、美国NRC猪的饲养标准及各大育种公司猪的饲养标准。

第二节 猪的饲料

科学地配合日粮，还必须掌握饲养技术，以使生猪保持旺盛的食欲，节省饲料消耗。养猪生产的主要目的是为人类提供优质、高品味的食品蛋白。养猪生产者面临的挑战之一就是为生猪提供一个安全、健康与人道的环境，并利用效率最大化、产品最优化和利润最大化的方法去控制生猪的生长。养分的合理供应是生产过程控制的主要部分，因为饲料成本占整个养猪成本的70%～80%。饲料管理和遗传学的进步，提高了生猪的生产潜能，这就要求我们必须提供一种饲料，在一定成本的基础上能有效地为生产高品质的猪肉提供所需的基本成分。

一、配合饲料

（一）配合饲料的概念

配合饲料就是根据猪的营养需要（饲养标准），采用科学方法，将各种饲料原料的一种组合，这种组合能按一定的数量和形式提供营养物质满足猪维持生长、繁殖和泌乳的需要。这种日粮不应该发生营养缺乏，只允许最小的营养过量。逻辑上来说，这种日粮是最经济的。

但对于猪场来讲，使用什么样的饲料最经济，饲料生产厂家一般都有最低成本生产的基本配方；一个正规的较大型的饲料厂，会根据采购到的饲料原料，在进行了原料成分的化验和分析以后相应调整配方；专业化的饲料生产企业会有较为现代化的饲料生产线，因而原料质量把关、价格控制、饲料混合均匀度等就会显示出优势。因此，选购饲料厂家生产的饲料是我国生猪生产集约化、专业化的必然趋势。但这种情况下，猪场无法对原料进行监控，猪场也必须承担饲料厂的一些加工费用和利润。在目前养猪生产的直接比较效益降低的情况下，很多猪场选择了自行配制饲料的模式。但不管是采用哪张模式的饲料来源，饲料配方都要根据当地原料资源和优势以及季节特点灵活调节饲料配方，也可以通过选购蛋白浓缩料、1% ~5% 预混料等进行饲料全价配合饲料的生产。

（二）配合饲料生产

通常配制的日粮必须提供足够的能量、蛋白质、钙、磷、维生素、矿物质以满足猪各个阶段的每日需要量。以下是日粮配制的几个步骤。

1. 饲养阶段的划分

一般将猪的生长按以下阶段划分：哺乳仔猪、断奶仔猪、生长猪、肥育猪、种猪（后备母猪、妊娠母猪、哺乳母猪、公猪）。

2. 营养需要量的确定

根据不同的品种、不同阶段饲养标准，综合考虑饲养环境、饲养方式确定营养需求，通常在计算营养需求量时必须加上一定的安全系数。

3. 原料选择和需要

原料的选择是生产优质配合饲料的前提，选择原料应注意以下事项：第一便于采购；第二原料价格合理；第三原料价值、质量保障；第四适口性好；第五根据猪日粮中的使用量确定采购量。

4. 原料成本确定

在为猪饲料选择原料时，通常最重要的因素是原料成本，几种原料可以提供所需的营养需要，但价格有差异。而这种价格每天、每月、每季度都在变动，所以必须清楚的知道价格变化，才能制定最经济的饲料配方。

5. 日粮配制

配制日粮的主要目的是按一定的比例把饲料原料制成混合料。日粮配制通常有以下几种方法：试差法、替代法、皮尔逊正方法、代数方程法和计算机配制法。

目前，计算机在饲料工业的应用越来越普及，前4种方法已经很少使用，借助于计算机，营养学家能够考虑使用更多的营养参数，例如氨基酸、矿物质、维生素等，同时要考虑各种营养的比例（如氨基酸与能量）。计算机配方日粮又称为低成本日粮，因为它选择能用的饲料，采用最低的成本。国内目前有许多饲料配方软件系统，如 Brill 饲料配方系统等，有的价位很高；有的价位很合理；有的符合我国的饲料行业特点；有的在目前不一定合适；或有的适用于专门化的饲料生产企业；有的则适用于饲料生产与生猪生产相结合的企业。应根据自己的需求选择经济实用的配方软件。此外，一些办公软件如 Excel 也是非常好的饲料配方系统。而且，国内大多数的预混料厂都提供适合自己预混料的建议配方，用户也可以根据自己原粮的变化要求提供合适的饲料配方。

二、浓缩饲料

浓缩饲料又称蛋白质补充料，是由蛋白质饲料、常量矿物质饲料及添加剂预混料，按一定比例配制而成的。它不能直接用来喂猪，必须再掺入一定比例的能量饲料（10% ~40%），才可用来喂猪。采用浓缩饲料，可减少能量饲料的往返运输费用，使用方便。

三、预混料

预混料是用一种或多种微量的添加剂原料，或加入常量矿物质饲料，与载体及稀释剂一起配制而成的。它可生产浓缩料和配合饲料。预混料用量很少，在配合饲料中添加量一般为0.25% ~6%（1%以下不含常量矿物质饲料），但作用却很大，具有补充营养、强化基础日粮、促进生长、防治疫病、保护饲料品质、改善产品质量等作用。

第三节 饲料配制

一、饲料配制原则

（一）营养全面

所谓营养全面，就是使日粮中的蛋白质和氨基酸、能量、矿物质和维生素达到饲养标准的要求。要做到这一点，必须用多样化的饲料来配合日粮，这样可使多种饲料之间的营养物质得到相互补充，从而提高日粮的营养价值。

（二）饲料体积适宜

在配制饲料时，一定要注意猪的采食量与饲料体积大小的关系。如配合饲料体积过大，由于猪的胃肠容积有限，吃不了那么多，营养物质得不到满足。反之，如饲料体积过小，猪多吃了浪费，按标准饲喂达不到饱腹感，还会影响饲料利用率的提高。

（三）控制粗纤维含量

猪是单胃动物，对粗纤维几乎不能消化。粗纤维不但自身不能供能，还会降低其他营养物质的利用率，降低猪的生产性能。配合饲料中粗纤维含量，仔猪不超过4%，肥育猪不超过8%，公母种猪不超过10%。

（四）注意饲料的适口性

在配制饲料时要注意饲料的适口性，适口性好，可刺激食欲，增加采食量。反之则降低采食量，影响生产性能。

（五）因地制宜选择饲料

在养猪生产成本中，饲料费用所占的比例最大，为70%左右。所以在配制饲料时，即要考虑满足营养需要，又要考虑成本。可根据当地情况，选择来源广泛、价格低廉、营养丰富的饲料，降低饲养成本。

二、饲料配制方法

饲料配合方法有试差法、对角线法、公式法和计算机法等。试差法是最常用的一种方法。它是根据经验粗略地拟出各种原料的比例，然后乘以每种原料的营养成分百分比，计算出配方中每种营养成分的含量，再与饲养标准进行比较。若某一营养成分不足或超量时，通过调整相应的原料比例再计算，直至满足营养需要为止。

现以体重10～20kg阶段仔猪为例，说明试差法配制饲料的具体步骤：

第一步：查仔猪饲养标准。消化能 13.85（MJ/kg），粗蛋白质 19%，钙 0.64%，总磷 0.54%，赖氨酸 0.90%，蛋氨酸 + 胱氨酸 0.59%。

第二步：确定选用饲料品种。现有饲料种类为：玉米、豆粕、麸皮、鱼粉、骨粉、食盐和预混料。

第三步：查猪的饲料成分及营养价值表（略）。

第四步：试配。初步确定各种风干饲料在配方中重量百分比，并进行计算，得出初配饲料计算结果，并与饲养标准比较。

（一）调整消化能、粗蛋白质的需要量

与饲养标准比较结果，能量与饲养标准略低，粗蛋白质高于饲养标准。那么要调整粗蛋白质含量增加能量，就需要减少豆粕、增加玉米配比量。饲养标准规定粗蛋白需要量为 19%，表中混合料可提供蛋白质 20.37%，比饲养标准高出 1.37 个百分点。如果用玉米进行调整，那么每千克玉米含蛋白质 8.4%，每千克豆粕含蛋白质 43%，调整蛋白质含量 0.346（43% ~84%）。因此，所增加玉米量为 1.37/0.346 =3.96，用等量玉米代替等量的豆粕。

（二）调整钙、磷需要量

与饲养标准相比钙、磷需要量基本合适，不需要再调整。

（三）氨基酸配合

猪需要 10 种必需氨基酸，计算起来比较麻烦。有些氨基酸通过饲料可以满足需要。因此，在实际饲养中应注意赖氨酸和蛋氨酸 + 胱氨酸的需要量，与饲养标准比较结果，采用豆粕和鱼粉配制仔猪日粮，达到仔猪营养需要量，不需要再添加氨基酸了。但如果配合猪日粮时，减少豆粕和鱼粉的配比比例，加一些杂饼配制而成，就必须注意氨基酸的添加，才能达到猪的营养需要。

（四）维生素和微量元素需要量

一定要达到猪的饲养标准，否则会影响饲料利用率。因此，一般配合饲料需补加维生素和微量元素预混料。

三、典型饲料配方（表 4 - 4）

表 4 - 4 典型饲料配方

	仔猪（7 ~ 15kg）		小猪（15 ~ 30kg）		中猪（30 ~ 60kg）		大猪（60 ~ 100kg）		妊娠母猪	泌乳母猪		种公猪
饲料种类	1	2	3	4	5	6	7	8	9	10	11	12
黄玉米	58.5	58.0	68.0	68.0	69.5	70.0	71.5	73.5	68.0	66.0	63.0	64.0

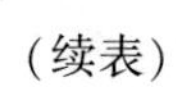
（续表）

	仔　猪（7～15kg）		小　猪（15～30kg）		中　猪（30～60kg）		大　猪（60～100kg）		妊娠母猪	泌乳母猪		种公猪
小麦麸	3.0	3.0	5.5	5.0	6.0	6.5	7.5	8.0	14.0	8.0	8.0	12.0
大豆粕	0	0	14.0	13.5	15.0	14.5	13.5	12.0	12.0	18.0	20.0	17.0
鱼粉（国产）	3.0	3.0	0	2.0	0	0	0	0	0	0	2.0	0
玉米、蛋白粉	6.5	5.0	4.5	4.0	0	1.0	0	0	0	0	0	0
膨化大豆	13.0	14.0	0	0	0	0	0	0	0	0	0	0
去皮豆粕	7.0	8.0	3.5	3.5	1.5	0	0	0	0	0	0	0
棉籽饼	0	0	0	0	2.5	2.5	2.0	1.0	0	0	0	0
菜籽饼	0	0	0	0	0	0	0	0	2.0	3.0	3.0	3.0
乳清粉	5.0	4.0	0	0	0	0	0	0	0	0	0	0
植物油	0	1.0	0.5	1.0	1.5	1.5	1.5	1.5	0	1.0	0	0
预混料	4.0	4.0	4.0	4.0	4.0	4.0	4.0	4.0	4.0	4.0	4.0	4.0
消化能（MJ/kg）	3.31	3.36	3.21	3.23	3.21	3.21	3.21	3.22	3.04	3.16	3.09	3.06
粗蛋白质（%）	19.20	19.10	16.75	17.31	15.20	14.92	14.05	13.24	14.00	15.89	17.68	15.90
赖氨酸（%）	1.30	1.32	1.13	1.20	1.10	1.06	0.90	0.85	0.56	0.76	0.82	0.72

第五章 猪的饲养管理

第一节　猪群分类与转群

一、猪群分类

根据不同的性别、年龄、体重、生理状态和用途，可以把猪群分成种猪群和生长肥育猪群。种猪群又可分为种公猪群和种母猪群。种公猪可以分为后备公猪和成年公猪；母猪群可以分为后备母猪群、青年母猪群、妊娠母猪群、哺乳母猪群和空怀母猪群；生长肥育猪群又分为哺乳仔猪群、仔猪群、生长猪群、肥育猪群。再根据猪的品种（类群）、年龄、性别、强弱等分栏饲养，实行科学管理，防止大欺小、强欺弱，造成长势不均。这是保证各类猪都能健康生长发育的重要措施。

通常情况下，各类猪群间的数量有一定的自然比例。一般说来，1 头种母猪平均 1 胎可产 10 头左右的仔猪，一年平均产仔 2.1 胎，即产仔猪 21 头左右，部分小母猪留为种母猪，一般猪场的种母猪与上市生长肥育猪之比为 1∶20 左右。

在自然交配的情况下，1 头种公猪大约克负担 50～100 头母猪的配种任务，如果实行人工授精，则可负担 500～1 000 头母猪的配种任务。我们还可以根据各类猪群的自然比例，来评定某一猪场的生产水平的高低。

二、转群

养猪生产离不开转群，转群就是因不同猪群的生产特点和生产经济目的不同，当某类猪群生长到一定阶段时，必须把具有相同生产特点或生产经济目的的一类猪转移到某特定的猪舍的过程。转群时，可将猪混放在一起，彼此熟悉，同时必须遵守“拆多不拆少、留弱不留强、夜并昼不并”的原则，减少猪群内的互相咬斗，并使猪群内很快地相互适应。

第二节　猪饲养管理的一般要求

与国外相比，我国规模化养猪比例较小，分散养猪出栏率低制约我国养猪业发展。分散养猪：抗风险能力弱，不能保证猪肉品质，用药不科学规范，细菌、病毒、寄生虫、污水、污物污染严重，流行病难以控制，农业政策和社会化服务难以落实。

一、规模化养猪简介

我国是农业大国，高度分散的农牧业生产，小农经济的经营方式，拉大了规模化生产，产业化运作，机械化装备，现代化运营的距离。我国人口多耕地少，尤其可耕地的面积少，占世界7%的可耕地面积，要养活占世界25%的人口。同时，随着人民生活水平的提高，对动物蛋白的需求也越来越高，不仅在数量，更是在质量上要求越来越高，人们对安全肉、放心肉的强烈需求，这些都要求进行规模养猪、科学养猪。要实现规模养猪、科学养猪必须做好以下几个方面工作。

（一）发展具有中国特色的规模化养猪之路

国外规模化养猪发展较早，经验丰富。我们要发展无公害规模养猪，必须不断学习国外的先进经验。但不能盲目照搬国外的成果，我们应采取“拿来主义”，符合中国国情的就拿来，不符合中国国情的就摒弃。探索具有中国特色的无公害规模化养猪之路，才能真正解决科学养猪这个问题，真正将我国的规模养猪业推向前进、走向国际市场。要正确看待设备进口，大面积地引进国外的先进设备不符合我国的国情，这不仅投资大、运作过程中能源消耗大，而且更因为不能充分利用我国劳动力丰裕的比较优势，很难得到理想的经济效益。同时，我国种植业还相对落后，如何实施农区种植业与养殖业的平衡问题，使生猪生产产生的废弃物不但不污染环境，而且能成为改良农田，提高农产品生产水平的重要举措。要正确看待品种引进，我们在追求瘦肉率和高生长速度同时，不能丧失传统的肉品风味，而应充分利用我国猪种资源的优势，充分挖掘潜力，搞好中国猪种的育种和推广工作。

更新观念发展规模养猪，要依靠科学技术，既要继承传统养猪的精髓，又要摆脱传统养猪的旧框框的束缚。用市场经济大生产的手段取代自然经济中小生产的陈规方法。尤其是中国现在已经是WTO的成员国，那我们的养猪生产就更加应该按照国际市场惯例和要求来组织生产，而不是按照过去的简单经验积累来组织生产。强化市场意识在市场经济条件下，不仅要把猪养好，更主要是要获取利润，要按市场规律办事，满足市场的需求。近几年来，商品猪的市场波动较大，有好多猪场在市场波动中被淘汰，但也有部分猪场存活下来，同时在波动中也产生了一些新的富有实力的养猪企业。究其原因，最主要的是看谁把握住市场规律。有了利润才能使猪场规模化，有了利润才能使猪场管理科学化，有了对环境的保护措施，才能使养猪生产无公害化。

（二）养猪模式的多样化

我国是一个幅员辽阔的国家各地的自然、社会、经济等方面的条件不一致，所以搞规模化养猪不能追求一种模式。有些养猪经营者，看到别人搞的某种模式经营效益好，就一味地否定自己的模式，而模仿别人，但结果却没有想象中那样好。其实谦虚好学，精神可嘉，但具体问题具体分析，不能盲目跟风。

（三）重视疾病防疫工作

规模化养猪的集约化、高密度的饲养环境，非常有利于病菌的传播。要实施无公害规模化生产，必须从建场开始就做好符合防疫要求的总体规划布局，制定合理的免疫程序，严格执行兽医防疫制度。这样才能将疾病死亡和兽药消耗的损失降低到最低的限度，同时避免疫病传播和兽药滥用对猪肉产品的污染，为实施无公害化生产提供重要的保证。

（四）科学管理

俗话说，“三分技术，七分管理”。在吸收了先进科学技术以后，科学而有力的管理就显得尤为重要。只有建立完善的并能严格执行的管理制度，才能发挥规模化养猪的规模优势和技术优势。同时只有严格按照无公害生产操作规程，才能确保最终的产品符合无公害标准。

二、日常规范化管理制度

建立严格的日常规范化管理制度是搞好猪群生产的重要保证，是猪场能否正常运作的前提，没有一套规范化的制度容易使猪场陷入混乱。根据猪的生活习性、生产特点和工作要求，制定的制度应包括防疫制度、日常记录制度、卫生制度、巡视制度、四定制度、考勤制度等。

（一）防疫制度

一个猪场必须有严格的防疫制度，这样才能安全生产，防疫制度必须做到消灭传染源，切断传播途径，隔离易感猪群。详见第七章中防疫的基本措施。

（二）日常记录制度

猪场各项生产记录，是规模化猪场生产中的重要工作。没有一个标准化的记录，就无法对种猪的性能进行分析，无法对饲料、饮水等的安全性能进行监控，无法对肉猪生产中的成本进行控制，也不利于疾病防疫和诊断工作。一个猪场的主要记录有种公猪卡、种母猪卡、母猪产仔哺乳卡、发情、配种记录、后备生产发育记录、种猪性能测定记录、饲料消耗记录、猪群防疫记录、疾病诊断记录等等。

如种母猪记录应包括以下内容母猪卡（表5－1）、生长发育表（表5－2）、生产性能表（表5－3）、系谱图（图5－1）。

表5－1　母猪卡

品种		耳号		毛色	
出生期 断奶重千克		初生重千克 有效奶头	左右	断奶期 近交程度	

表5－2　生长发育卡

测定日期	月龄	体重	体长	体高	胸围

表5－3　生产性能卡

胎次	分娩日期	交配公猪		产仔数	初生		20日龄窝重	断奶日龄		留种数	选择指数
		品种	耳号		活仔	窝重		头数	窝重		

（三）卫生制度

有一个良好的卫生环境不仅减少疾病的传播，保证猪身体的健康，同时也给人一个愉快的心情，卫生一般包括猪舍内卫生、猪舍外卫生和猪体的卫生。保证舍外和舍内的卫生，坚持每天打扫卫生的好习惯，同时定期为母猪和公猪清洗身体上的赃物。在冬季舍内通风，保证空气新鲜；夏季灭蚊蝇，保证饮用水的卫生；春节灭老鼠。这些都要制定一套卫生制度，使之长期地贯彻执行。

（四）巡视制度

饲养员和兽医人员每天要对猪群定时巡视，并做好记录。饲养员每日做好三

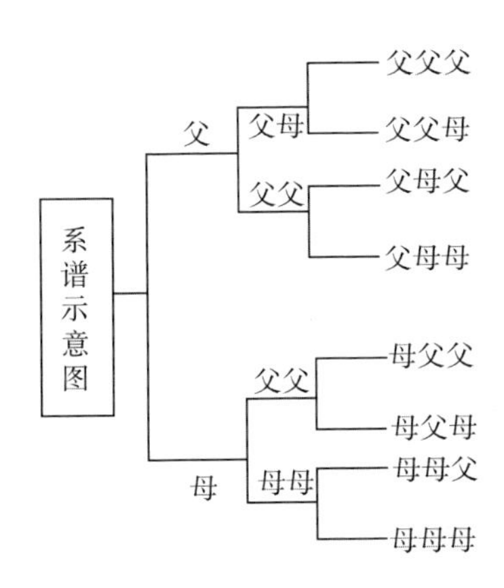

图 5－1 系谱示意图

套，即早晨查粪便、饲喂时查食欲、平时查精神。粪便异常（干硬或拉稀）、食欲不振或精神萎靡等情况，均是染病的预兆，应及时采取措施。而兽医人员的巡视应注重疾病的控制和传播，检查猪群的膘情，定期称重，也可以根据膘情体重的变化来分析饲养管理中存在的问题。所有这些都要有一套制度进行控制。

（五）四定制度

四定，坚持定时、定质、定量、定温饲喂。定时饲喂有利于猪养成良好的生活习惯，促进消化腺定时活动，有利于提高饲料的利用率。定质饲喂是指保证日粮的组成和质量相对稳定，如要进行饲料的更换，必须逐步增减、逐步更换。定量饲喂是指在合理安排每天饲喂时间的前提下，尽量保证每次喂量一致，以防饱饿不均，既影响食欲，又影响生长速度。定温饲喂是指应根据不同季节气温的变化，调节饲料和饮水的温度，做到“冬暖夏凉”，使猪在不同季节保持较好的食欲和体况。

第三节 各类猪饲养管理要点

一、种公猪饲养管理的操作要点

世界各地养猪品种较多，就各类种猪而言，种公猪的经济价值最高，对猪群的质量影响最大。公猪分后备公猪和成年公猪。后备公猪是从仔猪培养来的，而成年公猪是用来提供精液的。

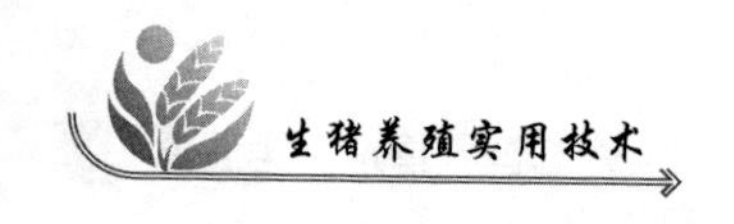

（一）后备公猪的饲养管理

为了培养优秀的种公猪，应从小开始加强饲养管理。幼年仔公猪与同窝仔猪一样，主要靠母猪乳汁提供营养。为促进仔猪消化器官的正常发育，提高断奶体重，在生后7d左右开始训练吃食。准备留作种用的小公猪，最好在其他仔猪断奶后，再随母猪多吃1～2周母乳，使幼龄公猪发育得更好些。断奶后的小公猪，根据其生长发育的特点，注意供给必需的蛋白质、矿物质和维生素。饲粮水平要在同型母猪的基础上高10%～20%。

后备公猪必须与其他公猪隔开饲养，也要远离母猪圈；否则距离母猪太近会引起公猪的不安，影响其正常生长发育。6月龄开始调教、定时饲喂、饮水、运动、洗浴、刷拭和修蹄、定点排便。要保证后备公猪每天有足够的时间，进行适当的运动和自由活动。舍饲公猪如果缺乏适当的运动，势必会变得肥胖、懒惰、不活泼、无精神，影响将来成年公猪的配种质量，甚至不能作种用，造成不应有的损失。

（二）成年公猪的饲养管理

种公猪的饲养是维护其生命活动和生产精液的物质基础，饲喂给营养物质完善的日粮，能促进种猪健康和提高配种利用能力。因此必须进行科学管理。

1. 饲喂技术

对于采用季节性产仔和配种的猪场，在配种季节到来之前45d，要逐渐提高公猪的营养水平，最终达到配种的饲养标准，以满足强度配种的营养需要。配种季节过后，逐渐降低营养水平，供给仅能维持种用膘情即可，以防止种猪过肥。对于常年采用产仔和配种的猪场，应常年供给公猪所需均衡的营养物质，以保证种猪常年具有旺盛的配种能力。不论哪种饲养方法，供给种公猪日粮的体积应小些，以免草腹而影响配种。

2. 运动

运动具有促进机体新陈代谢、增强公猪体质、提高精子活力、锻炼四肢等作用，因此，能提高配种能力。运动方式，可在大坊地中让其自由活动，但最好是在运动跑道中进行驱赶运动，每天1～2次，每次1h，距离1.5km左右，速度不宜太快。夏天炎热时，运动应在早上或傍晚凉爽时进行，冬天寒冷时则在午后进行。配种任务繁重时要酌减运动量或暂停运动。

3. 单圈饲养

种公猪以单圈饲养为宜，每头猪舍面积6～7m^2。猪舍和猪体要保持清洁、干燥、阳光充足，按时清扫猪舍，对猪体进行皮毛刷拭。这样不仅有利于皮肤健康，防止皮肤病，还能增强血液循环，促进新陈代谢，增强体质。公猪要定期称重和进行精液品质检查，以便调整日粮营养水平、运动量和配种强度。公猪舍要远离母猪舍，以防止母猪气味声响引起公猪的性冲动。公猪经常产生性冲动而得不到交配，会导致公猪产生异常性行为。

4. 防暑降温

一般认为低温对公猪的繁殖无不利影响，而高温则使种公猪精子活力降低，采精量减少，畸形精子率增加，导致受胎率下降，产仔数减少或不育。因此，做好防暑降温工作，避免热应激对精液品质的影响，是非常必要的。降温措施有猪舍遮阴、通风，在运动场上设喷淋水装置或人工定时喷淋等。

5. 合理利用

应根据后备公猪的品种特性和性成熟的早晚，决定初配年龄。地方猪种初配年龄为8—10月龄，培育品种及外来品种则以10～12月龄为宜。后备公猪初配时的体重要达到该品种成年体重的50%～60%。过早配种会影响公猪的生长发育，利用年限也缩短。过晚配种则可能降低性欲，影响正常配种，也不经济。

公猪成年一般每天配种不超过1次，在配种较集中时，每天最好也不超过2次。一定要配种2次时，两次需间隔5小时以上。配种繁忙时，要供给足够的营养物质，每天加喂两个鸡蛋。因为如果公猪配种任务过重，营养供给不足，势必会影响精液的品质，降低受胎率。连续配种4～5d后，要休息1～2d，以恢复公猪体力。在自然交配的情况下，如实行季节性配种，1头公猪可负担10～30头母猪的配种任务。在人工授精时，1头公猪可负担500～1 000头母猪的输精。养得好而又配种合理，1头公猪可利用5～6年。

配种应在吃料前1h或吃料后2h进行。喂料后随即让公猪交配，对公猪健康不利。配种最好有专门的场地，地面平坦而不滑，以利交配进行。不要干扰公猪的交配活动，但注意观察不发生意外。自然交配时如果公母猪体骼相差悬殊，采用配种架，进行人工辅助配种。公猪每次配种完毕后，要让其自由活动10min，不要立刻饮水，然后关进圈内休息或自由活动。公猪长期不配种，会影响性欲或丧失性欲，即使有性欲，但其精液的质量也会很差。因此，在非配种季节，公猪可半年左右人工采精1次，有利于公猪的健康。

（三）引进公猪的饲养管理

新引进公猪应与其他猪群隔离45～60d，观察其健康状况，使其适应新环境，评估其繁殖性能。公猪隔离期间给以精心管理和护理，以便其运输过程中的应激、疾病以及精子生成能力得以恢复。隔离期间先饲喂公猪引进前的饲料，然

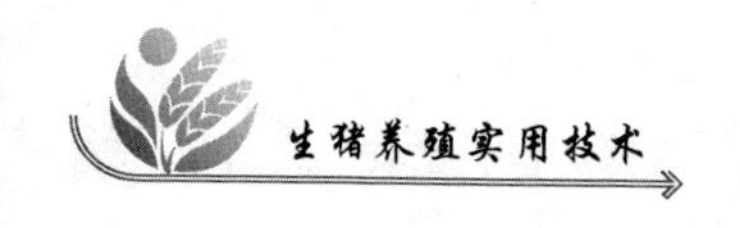

后逐步替换为新的饲料。前 5 ~ 7d 内不能过量采食。

二、种母猪饲养管理的操作要点

根据母猪不同的生理阶段可分为青年母猪、空怀母猪、妊娠母猪、哺乳母猪 4 个阶段饲养。

（一）青年母猪饲养管理

对青年母猪的饲养，既要促使其正常生长发育，并具有正常的生理功能，又要保持肥瘦适宜的体况。发育良好的青年母猪，8 月龄可达成年体重有 50% 左右。因此，适宜的营养水平是青年母猪正常生长发育的保证。营养水平过高或过低对青年母猪种用价值都会造成不良影响。营养水平过高会使母猪过肥，影响排卵，发情周期不正常，妊娠率下降；营养水平过低则使母猪生长发育受阻，初情期推迟，总的繁殖力下降。

在饲养技术上，5 月龄以前的青年母猪，正处于生长发育的旺期，日粮的配制要求是营养全面，饲喂量要充足，才能满足正常发育的需要。5 月龄以后，由于母猪沉积脂肪能力增强，为避免过肥，要适当降低营养水平，增加青饲料比例。在日粮结构上，应在满足骨骼、肌肉生长发育所需的基础上，限制碳水化合物丰富的饲料，增加品种优良的青绿多汁饲料。

在青年母猪的管理上，应注意猪舍通风，对地面、用具、食槽等定期消毒，使母猪有一个良好的生活环境，并按时驱虫和预防接种。为掌握青年母猪的生长发育情况，每月应称重 1 次，6 月龄加测体尺。运动队青年母猪的生长发育非常重要，她既能使母猪得到锻炼，促进骨骼和肌肉的正常发育，保证匀称结实的体形，防止过肥和肢蹄不良，又能增强体质，促进性活动，防止异常发情和难产。因此，母猪舍应有足够面积的运动场，能够使母猪在舍外运动场上自由活动。在运动场上要设饮水器，以供给充足而清洁的饮水。

（二）空怀母猪的饲养管理

空怀母猪饲养管理的要点是控制膘情，促使及时发情配种。俗话说，“空怀母猪七八成膘，容易怀胎产仔高”。因此，应根据断奶母猪的体况及时调整饲粮的供给。如果发生死亡、流产或仔猪并窝的母猪，则其体况一般较好，应注意减少精料的喂给，增加青、粗饲料的投放，并增加运动量，以达到控制膘情的目的。对于那些经历了一段时间泌乳的断奶母猪，哺乳期往往已经失重 20% ~ 30%，这时必须给予正常的母猪料，使其正常发情，但有的母猪在哺乳期由于带仔猪太多或营养缺乏，致使失重太大，对于这类母猪，必须加强营养，实行短期优饲。

采用并窝饲养、公猪诱情、药物催情的办法，都可以促使空怀母猪及时发情排卵。

正确做好母猪的发情鉴定工作，对于空怀母猪的饲养管理是技术性很强、难度较大的工作，但同时又是直接影响母猪的饲养效益的关键环节，所以，必须引起高度重视。

处于发情期的母猪的典型表现一般有以下几方面。

外阴部从出现红肿现象到红肿现象开始消退并出现皱缩，同时分泌由稀变稠的阴道黏液。

精神症状出现由弱到强的不安情况，来回走动，试图跳圈，以寻求配偶；用嘴拱查情员的腿、脚，且紧缠不休；隔栏见到公猪时，会争先挤到栏边持续相望，并不停地叫唤。

食欲减退，甚至不吃。

从开始时的爬跨其他母猪但不接受其他母猪的爬跨，到能接受其他母猪的爬跨。

开始时按压背部还出现逃避的现象，但随后会变得安定不动，出现呆立反射现象。

公母猪交配后，精子要经过2～3h的游动才能到达输卵管的上端，与成熟的卵子结合。因此，配种的适宜时间应为母猪排卵前的2～3h；但实际生产中不易掌握母猪开始发情的准确时间，因此，多根据母猪发情的外表特征来决定。一般认为，如果母猪出现“呆立反射”，适于首配，隔8～10h再配一次，这样能做到情期受胎率高且产仔数也较多。另外，考虑到母猪的年龄，应坚持“老配早，少配晚，不老不少配中间”的原则。而考虑品种或类群又要做到国外引进猪种适当早配，地方猪种适当晚配，而培育猪种及杂交猪种的配种时间以介于两者之间为宜。

(三) 妊娠母猪的饲养管理

母猪在配种后20d左右不再发情，且出现食欲旺盛、性情温驯、贪睡等，一般可认为是妊娠了。受精是妊娠的开始，分娩是妊娠的结束。母猪的妊娠期114d。计算预产期的方法是将配种的月份加4，日期减10。如5月15日配种的母猪，它的预产期是9月5日。

饲养妊娠母猪的任务是：

保证胎儿在母体内得到正常发育，防止流产。

确保每窝都能生产出大量健壮的、生命力强的、初生重大的仔猪。

保持母猪中上等体况（8 成以上膘），为哺乳期储备泌乳所需的营养物质。

我国群众养猪有“母猪怀孕”抓两头的经验，现代科学也证实，这是很有道理的。母猪怀孕最初一个月谓之第一头，这是因为胚胎早期死亡率很高，这一个月内有两个胚胎死亡高峰期，一个是在配种后的 9 ~ 13d，是受精卵的嵌植期；另一个则是在受精后的第 3 周左右，为胚胎器官的形成分化期。所以妊娠后的第一个月，对于胎儿而言，营养水平并不一定要很高，但饲料的质量却要求很高。在这个月内，若对母猪喂以过酸、过热、过冷、发霉、变质或有毒的饲料，或者饲料营养不足或失调，都会引起胚胎死亡。为此，带有毒性的棉籽粕、菜籽粕、马铃薯茎叶、酸性过大的青贮饲料以及含酒精较多的酒糟等都不宜饲喂。

另一头就是最后一个月，胚胎的生长发育规律是越接近后期，胎儿生长发育越快。有试验表明，妊娠 50d 时，胎儿平均头重不足 100g，90d 时为 500g，而到 110d 左右已达 1 000g 左右。可见，初生仔猪体重有 60% 是在妊娠末期 20 ~ 30d 内获得的。所以加强妊娠末期的饲养管理是保证胎儿生长发育、提高初生体重的关键环节。

母猪的营养控制应遵循“低妊娠，高哺乳”的原则。妊娠母猪对饲料营养具有较大的同化能力。在体重相近、饲喂等量饲料的条件下，妊娠母猪不仅增重高于空怀母猪，而且还额外生产一窝仔。妊娠期母猪的这种营养特点，表明了妊娠期母猪对营养利用的经济性和特殊性。因而，对妊娠期母猪没有必要喂过多的精饲料。如果妊娠母猪过肥，会导致难产或产后食欲不振。但妊娠期母猪的营养水平亦不可过低，否则会导致母猪消耗太多而不能正常维持妊娠，从而间接影响胎儿的发育，降低繁殖力，造成经济上的损失。

妊娠母猪的饲养管理上应注意做到以下几个方面。

1. 选择适当的饲养方式

对于体瘦的经产母猪，从断奶后到配种前增加喂食量和蛋白水平，以尽快恢复繁殖体况，使母猪正常发情配种。对于膘情已达 7 成的经产母猪，妊娠前、中期只给予相对低营养水平的日粮，到妊娠后期再给予丰富的日粮。在哺乳期内的妊娠母猪，需要满足泌乳与胎儿发育双重营养需要，因此，在整个妊娠期内，应采取随妊娠日期的延长逐步提高其营养水平的饲养方式。青年母猪妊娠后，由于本身处于生长发育阶段，同时担负胎儿的生长发育，也应提高其营养水平。

2. 掌握日粮体积

根据妊娠期胎儿发育的不同阶段，既要保持预定的日粮营养水平，又要适时调整精粗饲料比例，使日粮具有一定体积，妊娠母猪不感到饥饿，又不压迫胎儿。在妊娠后期，可增加日喂次数以满足胎儿和母体的营养需要。

3. 注意饲料品质

妊娠期日粮无论是精料还是粗料，都要特别注意品质优良，不喂发霉、腐败、变质、冰冻和有毒或有强烈刺激性气味的饲料，否则会引起流产，造成损失。饲料的原料也不要经常变换。

4. 精心管理

妊娠前期母猪可合群饲养，但不可拥挤，应有足够的运动。注意夏季防暑，冬季防冻。后期应单圈饲养，临产前应停止运动。不要驱赶，防止滑跌。

（四）哺乳母猪的饲养管理

1. 合理饲养

合理饲养哺乳母猪是提高母猪泌乳能力、增加仔猪断奶窝重的重要措施之一。所谓合理饲养就是根据哺乳母猪的需要来饲养。哺乳母猪需要分两个部分：一是母猪本身的维持需要；二是泌乳的需要。母猪产仔后几天内泌乳不多，仔猪小，日喂量应逐步增加，至 5 ~ 7d 恢复正常喂量。一般在产后 10 ~ 15d 开始加料。过早加料，使母猪早期泌乳过多，仔猪吃不完引起浪费或吃多了造成消化不良。泌乳高峰后停止加料。使母猪达到足够采食量，可日喂 3 ~ 4 次。对于泌乳不足或缺乳的母猪，特别是初产母猪，在改善饲养管理的基础上，增喂蛋白质丰富而又易于消化的饲料，可喂给煮熟的胎衣、优质的青绿饲料，有的发酵饲料业有助于泌乳。

2. 充分供应饮水

水对哺乳母猪特别重要。乳中含水 80% 左右，此外，代谢活动亦需要水。一般认为哺乳母猪每昼夜需饮水 5 ~ 10kg。因此，哺乳期应充分供应清洁的饮水。

3. 乳房护理

母猪产后即可用 40℃ 的温水擦洗乳房，连续进行数天，这样对初产母猪效果较好。仔猪拱奶按摩，使乳腺得到发育。应及早训练仔猪养成固定乳头的习惯，同时要经常检查母猪乳房、乳头，如有损伤，及时治疗。并训练母猪养成两侧交替躺卧的习惯，便于仔猪哺乳。

4. 舍外活动

母猪在产后 3 ~ 4d，如果天气良好，就可到舍外活动几十分钟。半个月后可带仔猪一起到舍外活动或自由活动。在哺乳期使母猪适当增加运动和多晒太阳是有益的。同时要让母猪充分休息好。圈舍要保持清洁干燥。

三、哺乳仔猪饲养管理的操作要点

哺乳仔猪是指从出生到断乳期间的小猪。养育哺乳仔猪的基本任务，是达到存活的头数多，断奶的体重大，并且仔猪健康结实。哺乳仔猪饲养的无公害养猪最关键的阶段，饲养的好坏直接影响到今后作为种猪或肥育的质量，直接影响无公害养猪的经济效益。大量的科学研究证明，体大而健壮的哺乳仔猪，以后的生长速度和饲料报酬都很高。

（一）仔猪的生长发育特点

1. 新陈代谢旺盛，生长发育快

哺乳仔猪新陈代谢旺盛，一般生后20d的仔猪，在身体内每千克要沉积蛋白质9～14g，而成年猪每千克体重只沉积蛋白质0.3～0.4g，差不多是成年猪的30～35倍。此外，哺乳仔猪对钙、磷、钠、氯、铜和铁等矿物质元素的代谢也比成年猪强得多，如10kg重的仔猪，每千克在每天约需钙0.48g、磷0.36g、铁4.8mg；而200kg重的泌乳母猪每千克体重每日约需钙0.22g、磷0.14g、铁2mg、铜0.13mg。

哺乳仔猪由于新陈代谢旺盛，生长发育也很快。如二花脸猪初生重平均为0.72kg，1～8个月各月的体重分别为3.14kg、7.20kg、13.25kg、20.09kg、26.10kg、36.30kg、45.80kg、53.38kg。若以各月龄的生长强度相比较，就发现1月龄的体重比初生时增长4.33倍，2月龄比1月龄增长2.29倍，3～8月龄，各月龄分别比前1月龄增长1.84倍、1.51倍、1.29倍、1.39倍、1.26倍和1.16倍。这很明显地说明，仔猪在哺乳期体重增长的速度比断乳以后要快。

实践中还发现，一般仔猪初生重大的，则断乳体重也较大（见表5－4），则其后的生长发育也快。

表5－4　仔猪初生体重与断乳体重关系

初生体重（kg）	统计仔猪数（头）	断乳体重（kg）
0.76～1.00	76	11.19
1.05～1.25	187	11.88
1.26～1.50	51	12.92
1.50kg以上	5	18.86

2. 消化器官、消化机能不完善，但发育迅速

猪的消化器官在胚胎期形成，初生时重量较小，但发育很快。就姜曲海猪来说，仔猪初生时，胃重仅为5.30g，以后不断长大，到30日龄时，胃重有48g，

比初生时增大9.1倍；60日龄时，胃重增大121g，比初生时增加22.9倍；而120日龄时胃重264g，比初生时增大49.8倍；180日龄时胃重更大，约为398g，已增大75倍。

哺乳仔猪的消化机能较弱，而且不完善。仔猪虽有唾液分泌，但唾液淀粉酶的活性较低，以后逐渐加强，在2～3周龄时达到高峰，然后又有所下降，断乳后趋于稳定。

胃的机能活动是受神经系统控制的，初生仔猪与神经系统之间的机能还没有完全建立，所以缺少条件反射性胃液分泌。生后30～40d的仔猪，由于食物进入到胃，直接刺激胃壁，才分泌少量的胃液。在胃液的组成上，哺乳仔猪在20日龄内，胃液中仅有足够的凝乳酶，而胃蛋白酶则不多，到出生后3月龄时，胃液中的胃蛋白酶才增加到正常量。同时，胃腺在20日龄时还不发达，还不能制造盐酸，随着年龄增长，盐酸的浓度不断增高，到40日龄才能使胃蛋白酶发挥消化作用，约到3月龄时，胃蛋白酶的消化能力大约与成年猪接近。

哺乳仔猪胃机能较弱还表现在胃的排空（即胃内食物通过幽门十二指肠）速度较快，随着年龄的增长而逐渐变慢。在饲养哺乳仔猪时，由于它的胃容积小，食物排入十二指肠较快，所以应适当增加饲喂次数，以保证仔猪获得足够的营养，并能消化吸收。

此外，哺乳仔猪消化液中的脂肪酶、蔗糖酶和麦芽糖酶的活性在初生时都比较低，以后随着年龄增长而逐渐加强，哺乳仔猪对谷粒饲料中的淀粉和脂肪消化吸收能力也较差，但谷粒淀粉煮熟后，则消化率就比较好。所以，养猪生产中配制乳仔猪饲料，应有较高的蛋白质水平，而谷物淀粉、脂肪和蔗糖的含量要适当，以符合乳仔猪的消化生理特点。

3. 缺乏先天性免疫力

由于母猪胎盘结构的特殊性，母猪血管与胎儿脐血管之间被6～7层组织隔开，阻止了母源抗体向胎儿的转移。因而仔猪出生时没有先天性免疫力。只有吃到初乳后，才能获得被动免疫力。

4. 调节体温的机能不完善

仔猪调节体温的能力是随着日龄增大而增强的，日龄越小，则调节体温的能力越差。仔猪的正常体温为38.5℃，初生仔猪的体温较正常的低0.5～1℃，即使将初生仔猪放在20～25℃的气温环境中，它也要在2～3d内才能恢复到正常的体温，这主要是由于仔猪体温调节中枢神经尚未完全发育，利用身体内的能量源来增加产热的能力差，不能使仔猪较快地恢复到正常体温。因此，在饲养仔猪的

过程中，对初生0～7d的仔猪要特别注意保暖，免得受冻而死亡。所以必须给仔猪进行保温处理，常用的办法是红外灯、暖床、电热板、保温灯等。

（二）仔猪的日常管理

减少哺乳仔猪死亡、提高哺乳仔猪的成活率可为保育阶段提供更多数量的生长育成猪，进而生产出较多的育肥猪，从而提高猪场的生产效率和经济效益。因此哺乳仔猪饲养的好坏，对一个猪场的经济效益有着极其重要的影响。要提高哺乳仔猪的成活率，需要做好以下几个方面的工作，尤其要注意其中一些细节和精准方面，所谓“细节决定成败”，这会直接影响仔猪以后生产水平的表现。

1. 做好产前准备工作

母猪临近产期时要有专人守护，观察临产预兆，清洁圈舍并消毒，准备好新生仔猪的保温设施以及接生的必备物品，如温水，消毒好的干净抹布等。临产母猪用0.1%～1.5%高锰酸钾溶液洗净乳房和后躯体。

2. 做好仔猪的接生工作

得了较好仔猪出产道后，接生员一手托住仔猪，一手将脐带缓缓拉出，立即清除仔猪口鼻中的黏液，然后用抹布干仔猪全身放入保温箱，立即用3%碘酒对脐带及周围消毒。脐带流血不止的可在脐带基部用手紧握2～3min或用消毒棉线结扎，断脐的长度应以仔猪行走时不接触地面为宜。

3. 做好假死仔猪的处理工作

仔猪出生时有心跳无呼吸的称为假死，主要是仔猪在母猪产道中停留时间过长，而脐带又过早断裂所致。对假死仔猪首先要使其呼吸道保持畅通，除要彻底清除口鼻黏液外，还要特别注意喉部是否有胎粪被吸入而阻塞。排除的方法是将仔猪倒悬，用力拍打、挤压仔猪的胸部使排除异物；在确认呼吸道畅通后，可进行人工呼吸，方法是让仔猪仰卧在软物上，用手将仔猪前两肢有节奏的张合并对仔猪胸部施压，直到自主呼吸为止，也可尝试把小猪倒提，头朝下，用手轻拍肋部，听到叫声为止；对于假死时间长或弱小的仔猪，可能体温会低于正常并不会吸奶，宜将仔猪置于40℃左右的温水中水浴，帮助恢复正常体温。并用小碗挤取母猪乳汁5～10ml，温热后小心灌服，间隔半小时一次，直至自己能吃乳。

4. 做好超前免疫工作

为了防止仔猪以后发生猪瘟，在仔猪出生后，尚未吃奶之前，可按常规剂量接种猪瘟兔化弱毒疫苗，2h后再让仔猪自由吃奶，即仔猪超前免疫。现在有许多规模场开始对哺乳仔猪进行超前免疫并取得效果。进行超前免疫需要注意以下3点：一是猪瘟活疫苗的准备工作。疫苗要现配现用，配好后最好放在一个保温桶中，以确保疫苗的质量。二是注射疫苗时要细心。1 猪 1 针，即注射 1 头猪换 1 个针头，进针时要斜着针头，将疫苗注入皮下即可，不可直接进针，因为仔猪皮薄，很容易将针头扎入颈部的脂肪层或骨头上，从而造成免疫失败。三是注射疫苗后要做好仔猪的保温工作，2h 后再让仔猪吃上初乳，以防母源抗体对免疫效果的干扰。

5. 做好剪牙断尾工作

仔猪的剪牙工作可在断脐后进行。剪短仔猪牙齿，可以减少对母猪乳头的损害，当发生争斗时也可以降低对同窝仔猪的损害。剪牙时用左手握住仔猪头部，将拇指和食指掐开仔猪的嘴，食指伸进嘴里将仔猪舌头拨向右边，用斜口钳剪去左侧上下犬齿；剪右侧犬牙时把拇指伸进嘴里将舌头拨向右边，剪时动作要轻而准确，剪口齐根部平整，剪后立即用碘甘油消毒防止感染。断尾可在仔猪出生后 2～3d 进行，断尾以阴门末端和公畜阴囊中部作为断尾长度的标线，用钳子用力夹两下即可。

6. 吃好初乳和固定乳头

初乳是母猪分娩后 5～7d 内分泌的淡黄色乳汁，蛋白质含量最高，维生素丰富并含有大量的免疫球蛋白，能增强仔猪抗病力。由于含有镁盐，有轻泻作用，可促使胎粪排出。酸度较高，有利于消化道蠕动。初乳中各种营养物质在小肠内几乎全部被吸收，有利于仔猪增长体力和产热。因而仔猪生出后就必须让其吃上初乳。母猪各个乳头的泌乳量有较大差异，一般前、中部乳头分泌奶多，后部少。仔猪有固定乳头的习性，一般在无人工帮助下，2d 左右各个仔猪就要自己固定的乳头。但往往是体健的仔猪占据泌奶多的乳头，弱小仔猪占据泌奶少的乳头。因而最好实施人为的调整固定，让弱小仔猪吸吮并固定前中部乳头，以利于全窝仔猪的均衡生长，减少弱小仔猪因吃不到或少吃乳汁引起的死亡或形成僵猪。在让仔猪吃初乳时特别要注意的一点是要先把母猪乳房内的“头奶”挤出丢弃，再让仔猪吃奶，这是防止仔猪下痢的一个重要步骤，要求饲养员有责任心，不怕麻烦，做好这个步骤。

7. 做好寄窝和并养工作

生产中有可能会出现母猪因这样或那样的原而死亡，或者母猪产后无乳，或者所产仔猪数超过了有效乳头数，这就要这些母猪的仔猪过寄给别的母猪哺育。有时候会出现母猪产仔偏少或者所产仔猪因某些原因死亡了一部分，为了提高母猪的利用率，可将这些仔猪进行适当的并养。在寄窝并养前先将需要寄窝并养的仔猪进行混味。其方法是：将被寄养的仔猪身上涂擦收养母猪的奶或尿（最好不要用尿)，同时把寄养仔猪和母猪身边的仔猪混关在一个保温箱内；最好再结合使川酚类或较浓药味的消毒药进行喷雾消毒，以扰乱母猪的嗅觉。在夜间进行混群。一般总是寄养最强壮的仔猪，不寄养弱的仔猪。

8. 做好仔猪的保温防寒工作

由于哺乳仔猪体温调节能力差，对环境温度变化十分敏感，要提高哺乳仔猪成活率，保温是关键性措施。产房的温度保持在 20 ~ 25℃，仔猪保温区温度为 28 ~ 35℃。要保证仔猪分娩舍内以及仔猪的活动区内无贼风。仔猪保温可采用小区域保温方式，设置保温箱，在分娩栏内的保温箱悬挂使用 175W 或 250W 的红外线灯或沼气灯并适当调整高度，同时保温箱底部宜垫上麻袋或垫料以防仔猪腹部受凉。有条件的可在仔猪保育栏下放置专用的仔猪保暖用电热板，并根据仔猪年龄的大小调节电热板的温度。

9. 做好初生仔猪的防压工作

母猪分娩后体力消耗大，再加上初生仔猪个体小，反应迟钝，要防止仔猪躲在母猪腹下、腿下以及垫草内，以免被母猪压死。目前在采用高床饲养的分娩母猪身体两侧设有扩栏，可明显地减少仔猪的死亡，但也要特别关注仔猪的情况。不用高床饲养的可在哺乳栏内设扩仔架。在距地面与墙壁 20cm 左右设置木制或金属管制的防压架，当母猪卧下时可由架子先挡一下，仔猪则可从架子下逃出，避免压死。制作架子的材料应光滑无棱角。分娩舍内要保持安静，要防母猪烦躁不安，起卧不定。

10. 及早去势

建议仔猪在 3 日龄去势，4 周龄前。早去势的仔猪可通过初乳得到抗体的保护。日龄小的仔猪去势时几乎不表现出疼痛的现象，在去势的过程中所受应激小。去势早时手术伤口小，不易感染，仔猪在不感染其他疾病的情况下，伤口能很快愈合。手术可由一名兽医单独完成，为保持伤口清洁卫生，要使用碘酒或治疗创伤的粉剂来处理伤口。

11. 做好补铁工作

仔猪出生时，体内铁质贮量很少，生后 3 ~ 4d，仔猪体内的铁贮量就会被消耗完。母乳中的铁质也远远不能满足仔猪的需要，易造成缺铁性贫血，生长受阻。所以要及早补铁，生后 3 ~ 4 日龄就要补铁充。补铁的方法很多，如口服硫酸亚铁（1 000ml 水加 2. 5g 硫酸亚铁），每日每头 10ml，或涂于母猪乳头上；也可肌肉注射仔猪补铁针剂如右旋糖酐铁，3 ~ 4 日龄注射 100 ~ 150mg，2 周龄再注射一次；另外，也可以在仔猪栏内放含铁丰富的清洁红土，让仔猪自由啃食。

12. 做好补料工作

由于母猪的泌乳高峰为3～4周龄，以后逐渐降低，难以满足仔猪对营养的需要，早期补料可弥补母乳的不足。另外，早期补料可以锻炼仔猪消化器官及机能，促进肠胃发育，减少断奶后腹泻的发生。补料最好在5～7日龄开始进行，方法一般有以下几种：将仔猪饲料撒在仔猪出入的地方，任其自由采食；将母猪食槽放低10cm左右，让仔猪在母猪采食时，随母猪拣食饲料，以训练仔猪采食；利用仔猪喜欢拱、舔饲养员鞋及手指等习性，将仔猪料涂在手指上，让仔猪舔食，如此训练几次即可；将仔猪料洒上糖水，涂在仔猪嘴唇上和塞入仔猪口中，任其舔食，反复进行2～4次，让其充分认识，仔猪便可学会食料。

13. 做好哺乳仔猪的防病与免疫工作

哺乳仔猪的疾病主要是腹泻和呼吸道疾病。为预防腹泻，可在补料时在开口料中加入庆大霉素、新霉素、粘杆菌素等，能有效预防大肠杆菌性腹泻的发生。必要时对怀孕母猪在产期注射仔猪腹泻基因工程三价菌苗来预防红、白、黄痢。针对近几年来PRDC普遍发生，亦可在料中添加支原净、阿莫西林、金霉素或支原净与强力霉素。一般可在脐部两侧1cm左右的腹腔每猪注射葡萄糖盐水20～30ml，加硫酸阿米卡星25万单位。另外，一定要注意供给仔猪清洁卫生的饮水。对哺乳仔猪免疫主要有猪瘟、伪狂犬、肺炎支原体、蓝耳病、传染性胃肠炎、流行性腹泻等疫苗，各种疫苗的免疫接种程序应根据本地区流行病学调查情况与抗体监测的实际情况而定，切不可效仿其他场的程序或什么疫苗都接种。

14. 适时断奶

时间可定在3～4周龄，在仔猪断奶前5d，把母猪赶离原圈，在定时赶回让仔猪哺乳，哺乳次数逐渐减少，仔猪补料量逐日增加，至预定日期停止哺乳。断奶后，仔猪应留在原圈饲养10d左右，然后再分群或转圈。

第六章 猪的繁殖技术

第一节 猪的性行为

性行为是动物的一种特殊行为表现。而一系列完整的性行为直接关系到配种的成败。雄性和雌性性行为各有其独特的表现方式，只有两性双方性行为的协调配合，才能导致母畜的受精和产仔。性行为是由特殊的刺激而产生的，而每一种性行为反过来又变成一种新的刺激，并由此而引起另一性行为和刺激，这种按一定顺序连续发生的若干性行为，称为性行为链或性行为序列。公猪性行为的表现模式主要包括性激动、求偶、交配、射精和性失效。具体表现为嗅闻母猪头部，以鼻拱母猪的肋部；性兴奋时节奏性排尿；交配射精时不动，阴囊和肛门节奏性收缩。

一、公猪的初情期、性成熟、初配适龄和繁殖停止年龄

公猪的初情期指公猪第一次能够排除精子时期。性成熟是指幼年公猪到了一定年龄生殖器官及生殖机能的发育已基本成熟，不仅能产生成熟的精子，而且具有繁殖后代的能力，此时称为性成熟。但并不意外着公猪可用于正常配种，因为此时公猪身体发育尚未成熟，如过早用于配种，往往会影响其身体的正常发育。性成熟期因品种、气候条件和营养水平的不同而有较大差异，地方猪种往往较早，引入猪种略晚。通常公猪的性成熟期为 5 ~ 9 月龄。

公猪初配适龄是指猪初次配种的适宜年龄，应根据猪的不同品种和生长发育情况而定。一般在性成熟之后体成熟之前，其初配适龄以 9 ~ 12 月龄为宜。公猪的繁殖停止年龄是指猪失去繁殖机能即繁殖能力时的年龄，此时应及时淘汰这些种公猪，其繁殖停止年龄为 6 ~ 8 岁。

二、母猪的初情期、性成熟和初配适龄

（一）母猪的初情期

母猪的初情期是指母猪初次出现发情和排卵的年龄，此时配种便有受精的可能性，但初情期的母猪常出现不完全发情，而且发情周期也不正常，其生殖器官仍在继续生长发育中。母猪的初情期受营养、气候等条件的影响，国内品种初情期来得早，一般为3～4月龄，引进品种初情期较晚，一般为5～6月龄。初情期后，随着年龄的增长，生殖器官发育完全，发情周期和排卵已趋正常，具备了正常繁殖后代的能力，此时为母猪的性成熟期。母猪到达性成熟的年龄一般为5～8月龄。母猪性成熟后，经过1～2个月达到体成熟时，才适合配种。母猪的适配年龄应根据其具体生长情况而定，不同的品种适配年龄也不相同，一般以7～8月龄为宜，后备母猪以第3次发情开始配种为宜。

（二）母猪的发情与发情周期

母猪能否正常繁殖，首先取决于能否正常发情，然后才能使其配种受孕。所谓发情是指雌性动物生长发育到一定年龄后，在下丘脑和垂体激素的作用下，卵巢上乱泡发育并分泌雌激素，引起生殖器官和性行为发生一系列变化，雌性动物表现性兴奋并产生卵子，这种生理状态称为发情。正常发情特征包括体内外发生的一系列生理变化，如卵巢上的卵泡发育、成熟和雌激素产生是发情的本质，而生殖器官和性行为变化只是发情的外部现象。

1. 卵巢变化

母猪开始发情之前，卵巢卵泡已开始生长，至发情前2～3d卵泡发育迅速，卵泡内膜增生，卵泡液增多及雌激素分泌增加，卵泡壁变薄，卵泡突出于卵巢表面，最后在激素的作用下卵泡壁破裂排出卵子。

2. 生殖道变化

由于卵泡的迅速发育、成熟，雌激素分泌量增多，强烈地刺激生殖道，使阴道黏膜充血红肿，上皮细胞增生和角质化，且有大量黏液分泌，子宫颈口松弛，子宫腺体增大，分泌活动加强，输卵管上皮细胞增生，纤毛颤动幅度加大，管腔扩大。

3. 行为变化

在卵泡分泌雌激素和少量孕酮的作用下，母猪表现为兴奋不安，对周围环境敏感，常鸣叫，举尾拱背，频频排尿，食欲减退或停止采食，愿意接近公猪并接受其爬跨。

母猪的发情周期是指初情期以后，卵巢、生殖器官及整个机体发生周期性的

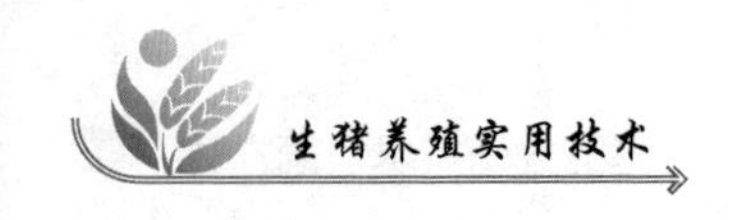

变化，呈现发情、乏情周而复始地交替直至性机能停止活动的年龄，这种周期性的性活动称为发情周期。发情周期的计算，一般是从一次发情开始到下一次发情开始的间隔时间。母猪的发情周期为 19 ~ 23d，平均 21d。根据机体所发生的一系列生理变化，可将发情周期分为 4 个阶段。

（1）发情前期是卵泡发育的准备时期。主要特征表现为：卵巢上开始有新的卵泡生长发育；少量雌激素的作用已使生殖道血液供应量增加，阴道和阴门黏膜轻度充血肿胀；子宫腺体分泌活动逐渐增加，分泌少量稀薄黏液，但尚无性欲表现。

（2）发情期是母猪性欲达到高潮时期。主要特征表现为：卵泡发育迅速，雌激素强烈刺激生殖道，使阴道及阴门黏膜充血肿胀明显；子宫黏膜显著增生，子宫颈充血开张，腺体分泌增多，有大量透明稀薄黏液排出。母猪可在此阶段配种。

（3）发情后期是排卵后黄体开始形成时期。主要特征表现为：母猪由兴奋状态转为安静状态；由于卵子的排出，雌激素分泌减少，黄体开始形成并分泌孕酮，使生殖道充血逐渐消退，腺体活动减少，黏液量减少。

（4）间情期，是黄体活动期。主要特征表现为：母猪性欲完全停止，精神状态恢复正常。

母猪的发情周期实质上是卵泡期和黄体期的更替变化，这些变化都是在一定的内分泌激素基础上产生的。母猪通过自己的嗅觉、视觉、听觉和触觉等接触性刺激，经神经系统影响下丘脑促性腺激素释放激素的合成和释放，进一步刺激垂体促性腺激素的产生和释放，作用于卵巢，产生性腺激素，从而调节母猪的发情。

当母猪到达初情期后，通过外界环境的影响，下丘脑的神经分泌细胞分泌促性腺激素释放激素（GnRH），GnRH 经垂体门脉系统到达垂体前叶，促进促卵泡素 FSH 和促黄体素 LH 的分泌和释放，垂体分泌的 FSH 经血液循环运送到卵巢，刺激卵泡生长发育，同时 LH 也进入血液与 FSH 协同作用，促进卵泡进一步生长并分泌雌激素，刺激生殖道发育。雌激素、FSH 和少量黄体酮共同作用，刺激母猪性中枢，引起母猪的发情。当雌激素分泌到一定数量时，作用于下丘脑下部或垂体前叶，抑制 FSH 分泌，同时刺激 LH 释放。LH 增加至峰值，引起卵泡进一步成熟、破裂和排卵；当雌激素分泌量升高时，可抑制下丘脑促乳素抑制激素的释放，而引起垂体前叶促乳素释放量增加，促乳素与 LH 协同作用，促进和维持黄体分泌黄体酮，当黄体酮达到一定量时，抑制下丘脑和垂体激素的释放，以至卵巢卵泡不再发育，母猪继而不再表现发情。同时黄体酮作用于生殖道及子宫，使之发生有利于胚胎附植的生理变化。

三、母猪发情特点

母猪发育到一定年龄时，开始出现发情现象。正常情况下，母猪为全年发情动物，无明显发情季节，但在外界条件改变时会表现暂时不发情。母猪发情特点表现为以下几个方面。

（一）发情周期

平均为21d（17～25d）。发情周期的长短与品种、年龄及营养等因素有关。

（二）发情持续期

通常为2～3d，但成年猪发情持续期比青年母猪长，断乳后第一次发情持续期比以后出现的发情长些。排卵发生在发情开始后20～36h，从排第一个卵子到最后一个卵子的间隔时间约4～8h，卵子在输卵管中需要运行50h，但只能保持8～10h的生命力。排卵数目与胎次、品种有关，一般为10～25个，胎次较多者排卵数也较多，5～7胎的排卵率最高，以后有所下降。

（三）产后发情

母猪通常哺乳期间不发情，断乳后5～7d开始发情，如果在哺乳期间任何时候停止哺乳仔猪，则4～10d后便可发情。

四、母猪的发情鉴定

发情鉴定是根据母猪发情的表现对排卵的时间作出判断，从而确定最佳配重时间的技术。准确的发情鉴定可以提高繁殖力，节约饲养成本增加经济效益。母猪发情时，由于外阴部征状及行为表现明显，因此，发情鉴定主要采用外部观察法，同时利用发情母猪对公猪特别敏感，结合公猪试情，根据接受爬跨的安定程度，判断发情期。实际生产中也可采用压背反应，即双手按在母猪背部，如母猪静立不动即出现所谓的“静立反应”则表示该母猪的发情已到达高潮，可配种。

母猪开始发情时表现不安，有时鸣叫，阴部微充血肿胀，食欲稍减退；随后，阴门充血较厉害，微湿润，喜爬别的猪，也愿意接受别的猪爬跨，特别是公猪的爬跨；此后母猪的性欲逐渐趋向旺盛，阴门充血且湿润，公猪爬跨时安静不动，这是发情盛期的表现；过了这个时期，性欲慢慢下降，阴部充血肿胀逐渐减退，直到母猪阴门变成淡红且较干，表情迟滞，这时候是配种适期。之后，母猪性欲趋向恢复，阴门充血、肿胀消退，食欲恢复为正常。

配种适期一般在发情的第2天配种比较适合，但不同品种、年龄和个体会有

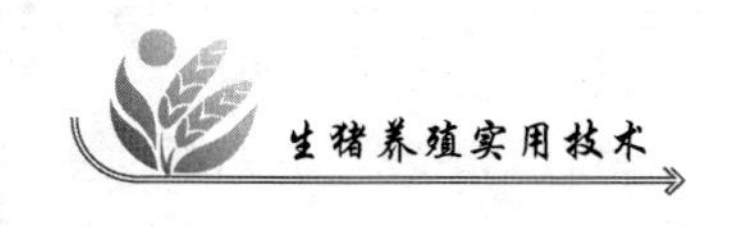

一定差异。国外以接受爬跨作为发情判断标准，青年母猪发情持续期较短，而成年母猪较长。我国的传统方法“老配早，小配晚，不老不小配中间”也有一定道理。根据实际经验，判定最佳适配期可参考如下：

母猪从兴奋不安转入发呆；接受公猪爬跨呈静立反应后；阴门由红肿变成潮红或紫红，黏液有稀薄转为粘稠，可拉成丝。配种可采取一个情期配 2～3 次，以提高受胎率。

五、母猪的受精

受精是精子和卵子结合而发生的一系列复杂的生理变化过程。它包括精子进入雌性生殖道，运行到卵子附近，并经过穿透几层屏障和卵子中遗传物质 DNA 相结合的能力和变化等。受精后的合子发育进入子宫，在子宫内与母体建立密切的联系。

一般哺乳动物的受精部位在输卵管壶腹部，因此精子必须到达输卵管壶腹部才能受精。猪属于子宫射精型动物，猪在交配时，大量的精液直接射入子宫，很多精子迅速输送到子宫输卵管连接处，此处对死的和活力差的精子有选择和阻止作用，以控制进入输卵管的精子数。猪精子经过 15～30min 即可运行到母猪的输卵管壶腹部，这种迅速输送的精子，可能不参与受精，事实上，在输卵管内有受精力的精子输送相当慢，实际到达受精部位的精子数相对于射精时的精子数非常少，这是因为精子在运行时必须通过几个生理屏障。精子在雌性生殖道内的运行主要依靠精子尾部的鞭毛运动、母猪垂体后叶的催产素和来自精液的前列腺素（PGF）促使生殖道平滑肌收缩、输卵管液的微碱性环境加剧了精子的活动等协同完成的。精子只有在母猪生殖道内度过一段时间之后，精子才能获得受精能力，这个过程称为“获能”。获能的精子具有受精能力的原因，是这种精子能释放出一系列水解酶，将使包围在卵子周围的细胞核生物大分子物质（蛋白质和黏多糖）溶解出一条通路，便于精子通过。

卵子与精子不同，本身不能自行运动。卵子在输卵管内的运行，很大程度上是依赖输卵管收缩、液体的流动及纤毛的摆动。这些作用可使卵子在很短时间内被运送到受精部位，猪卵子在输卵管内运行的时间约 50h。精、卵经过受精前的准备，相遇时穿过放射冠、透明带随后进入卵黄直至两性原核形成完成配子配合，至此受精便告结束。对于猪来说，精子从进入卵子到第一次卵裂的时间为 12～24h。

六、母猪的妊娠

精子和卵子在母猪的输卵管结合后形成了受精卵，在合子形成不久，受精卵开始分裂即卵裂，同时向子宫移动，并在其特定阶段进入子宫，然后定位和附植，这时胎儿、胎膜和胎水构成的孕体即能产生信号传感给母体，母体即产生一定的反应，从而识别胎儿的存在，至此孕体与母体之间便建立起密切的联系，称为妊娠的识别。妊娠又称“怀孕”，它是哺乳动物所特有的一种生理现象，自卵子受精开始到胎儿发育成熟后与其附属膜共同排出前母体复杂的生理过程。猪的妊娠期为102～140d，平均为114d（3月3周零3天），妊娠期的长短与胎次、胎儿数、年龄和自然环境有一定的关系。配种之后可采用临床和实验室的方法及时掌握母猪是否妊娠、妊娠的时间及胎儿和生殖器官的异常情况，以便更合理地组织生产，叫做妊娠诊断。妊娠诊断不但要求准确，而且能在早期确诊在生产实践中才有应用价值。妊娠诊断方法分为两大类，临床检查法和实验室检查法。临床检查法主要检查母体变化如母猪是否返情、阴道是否有妊娠变化、母猪腹部轮廓变化等和直接检查是否有胎儿存在；实验室检查包括检测母体激素变化和检查子宫颈、阴道黏液的理化性状等。

（一）观察返情

母猪的发情周期为18～22d，在发情配种后18～22d未见发情，可能已经妊娠。如果不返情的时间越长（40～60d），妊娠的可能性就越高。利用该法诊断早期妊娠的准确性会受一些因素影响，因为当母猪出现安静发情、乏情、卵巢囊肿时都能导致母猪不发情。而且外来品种的母猪，发情症状往往不明显亦可能误诊。

（二）根据母猪表现诊断

母猪怀孕后食欲增加，性情温驯，膘情好转，皮毛变的光亮，行动谨慎。

（三）阴道检查法

配种后母猪阴道黏膜变白，黏液浓稠，触之涩而不润，说明妊娠。

（四）注射雌性激素

母猪妊娠后，卵巢上的周期黄体分泌孕酮的功能增强，因而体内孕激素水平很高，不会被外源的雌性激素诱发发情，在配种后21d注射2～4mg苯甲酸雌二醇或戊酸雌二醇，妊娠母猪不会表现发情，而未怀孕母猪则会表现发情征兆。

（五）尿液检查法

取配种后24d未再发情的母猪尿液10ml，用注射器抽量后置于干净试管内10～20ml玻璃安瓶内，加入少许碘酒，然后在火上慢慢加热，当尿液接近沸点时看其颜色变化，如试管内颜色由上至下逐渐变红，说明母猪已经怀孕。

（六）超声波早期妊娠诊断法

以液体石蜡和凡士林的混合物作耦合剂，探测部位在倒数第1～2对乳头上

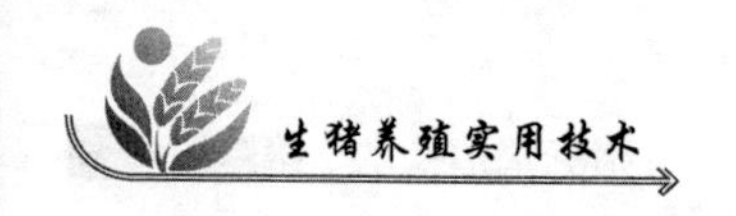

方无毛的软腹壁处，探头对准子宫的方向，前后左右呈扇形探测，若能听到宫血音、胎心音、胎动音、脐带血流音之一或一种以上者，即判定为妊娠。

（七）预产期推算

母猪配种时要详细记录配种日期，一旦断定母猪妊娠就要推算出预产日期，便于饲养管理，做好接产准备。推算母猪妊娠期平均按114d计算。

三三三法。即在配种日期加上3个月3周零3d。

月加四，日减六法。即在配种月份上加4，在配种日上减6所得日期就是母猪预产期。如1头母猪在11月3日配种，则11＋4＝15　3－6＝－3，由于月份超过12个月，日期为负数，则15－12＝3，28－3＝25，即该母猪的预产期为2月25日。

查表法。此法简单易行（表6－1）。

表6－1　母猪预产期推算表

	1	2	3	4	5	6	7	8	9	10	11	12
1	4.25	5.26	6.23	7.24	8.23	9.23	10.24	11.24	12.25	1.24	2.24	3.25
2	4.26	5.27	6.24	7.25	8.24	9.24	10.25	11.25	12.26	1.25	2.25	3.26
3	4.27	5.28	6.25	7.26	8.25	9.25	10.26	11.26	12.27	1.26	2.26	3.27
4	4.28	5.29	6.26	7.27	8.26	9.26	10.27	11.27	12.28	1.27	2.27	3.28
5	4.29	5.30	6.27	7.28	8.27	9.27	10.28	11.28	12.29	1.28	2.28	3.29
6	4.30	5.31	6.28	7.29	8.28	9.28	10.29	11.29	12.30	1.29	3.1	3.30
7	5.1	6.1	6.29	7.30	8.29	9.29	10.30	11.30	12.31	1.30	3.2	3.31
8	5.2	6.2	6.30	7.31	8.30	9.30	10.31	12.1	1.1	1.31	3.3	4.1
9	5.3	6.3	7.1	8.1	8.31	10.1	11.1	12.2	1.2	2.1	3.4	4.2
10	5.4	6.4	7.2	8.2	9.1	10.2	11.2	12.3	1.3	2.2	3.5	4.3
11	5.5	6.5	7.3	8.3	9.2	10.3	11.3	12.4	1.4	2.3	3.6	4.4
12	5.6	6.6	7.4	8.4	9.3	10.4	11.4	12.5	1.5	2.4	3.7	4.5
13	5.7	6.7	7.5	8.5	9.4	10.5	11.5	12.6	1.6	2.5	3.8	4.6
14	5.8	6.8	7.6	8.6	9.5	10.6	11.6	12.7	1.7	2.6	3.9	4.7
15	5.9	6.9	7.7	8.7	9.6	10.7	11.7	12.8	1.8	2.7	3.10	4.8
16	5.10	6.10	7.8	8.8	9.7	10.8	11.8	12.9	1.9	2.8	3.11	4.9
17	5.11	6.11	7.9	8.9	9.8	10.9	11.9	12.10	1.10	2.9	3.12	4.10
18	5.12	6.12	7.10	8.10	9.9	10.10	11.10	12.11	1.11	2.10	3.13	4.11
19	5.13	6.13	7.11	8.11	9.10	10.11	11.11	12.12	1.12	2.11	3.14	4.12

（续表）

	1	2	3	4	5	6	7	8	9	10	11	12
20	5. 14	6. 14	7. 12	8. 12	9. 11	10. 12	11. 12	12. 13	1. 13	2. 12	3. 15	4. 13
21	5. 15	6. 15	7. 13	8. 13	9. 12	10. 13	11. 13	12. 14	1. 14	2. 13	3. 16	4. 14
22	5. 16	6. 16	7. 14	8. 14	9. 13	10. 14	11. 14	12. 15	1. 15	2. 14	3. 17	4. 15
23	5. 17	6. 17	7. 15	8. 15	9. 14	10. 15	11. 15	12. 16	1. 16	2. 15	3. 18	4. 16
24	5. 18	6. 18	7. 16	8. 16	9. 15	10. 16	11. 16	12. 17	1. 17	2. 16	3. 19	4. 17
25	5. 19	6. 19	7. 17	8. 17	9. 16	10. 17	11. 17	12. 18	1. 18	2. 17	3. 20	4. 18
26	5. 20	6. 20	7. 18	8. 18	9. 17	10. 18	11. 18	12. 19	1. 19	2. 18	3. 21	4. 19
27	5. 21	6. 21	7. 19	8. 19	9. 18	10. 19	11. 19	12. 20	1. 20	2. 19	3. 22	4. 20
28	5. 22	6. 22	7. 20	8. 20	9. 19	10. 20	11. 20	12. 21	1. 21	2. 20	3. 23	4. 21
29	5. 23		7. 21	8. 21	9. 20	10. 21	11. 21	12. 22	1. 22	2. 21	3. 24	4. 22
30	5. 24		7. 22	8. 22	9. 21	10. 22	11. 22	12. 23	1. 23	2. 22	3. 25	4. 23
31	5. 25		7. 23		9. 22		11. 23	12. 24		2. 23		4. 24

七、母猪的分娩

母猪妊娠期满，胎儿在母体内发育成熟，母体将胎儿伴随着附属物从子宫内排出体外的生理过程，叫分娩。这是由于母猪在妊娠期间，子宫不断膨大，促使子宫肌对雌性激素和催产素的敏感性增强，催产素在来自内部与外部神经感受器的刺激下，通过下丘脑作用于垂体后叶，便释放出来并进入血液循环系统，引起子宫肌的节律性收缩，使妊娠母猪分娩。分娩的发生并不是单一的特殊因素所致，而是由机械性扩张、神经及激素等多种因素互相协调促成的。

（一）分娩前的准备

母猪分娩前3～5d，对产圈要进行清扫消毒，清除圈内的污水粪便，然后用火碱、石灰水消毒。

准备好清洁、干燥、柔软的垫草，消毒用碘酒，擦干仔猪用的干净布片、照明用灯、产仔箱、猪瘟疫苗等。

注意观察母猪，当母猪外阴充血肿大，尾根下陷，乳头能挤出乳汁，母猪起卧不安时，母猪可能很快要分娩了，接产人员不能远离。

冬天要防风防寒，热天要防暑降温。

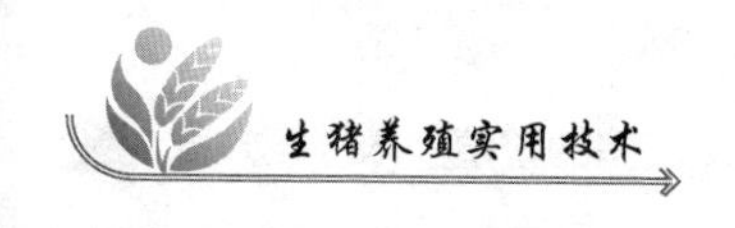

（二）分娩预兆

1. 乳房及乳头的变化

母猪在产前15～20d，乳房基部与腹壁之间开始出现明显界限，随着预产期的临近，乳房由后向前逐渐出现肿胀、下垂；产前3d左右，乳头向外扩张，当两侧乳房极度肿胀，皮肤紧张、发红，乳头呈“八”字形排开，有时粘有少量垫草，中部两对乳头可挤出少量清亮液体，分娩前0.5～1d，可在前、后部乳头挤出初乳，有的母猪还发生漏乳现象，这是即将产仔的标志。

2. 阴户的变化

产前3～5d，阴户开始肿大，逐渐潮红，产前数小时，多数母猪流出少量黏液，当母猪侧卧时，尾巴摇摆，肛门开始努责，多数流出血红色胎液时，是即产仔的标志。

3. 骨盆部的变化

母猪在产前1～2周，骨盆韧带开始软化，至产前12～36h，荐坐韧带后缘变为非常松软，外形消失，造成尾根周围松软，与荐坐韧带软化的同时，荐髋韧带也变软，荐骨后端的活动因而增大，产道变宽，从而造成尾根塌陷。

4. 母猪行为的变化

母猪产前12h左右开始精神抑郁，食欲不振，来回走动不安，越接近临产，性情越急躁，时起时卧越频繁，排尿次数也增多，而且母猪产前开始衔草做窝。

（三）分娩

分娩是从子宫肌和腹肌出现阵缩开始的，至胎儿和附属物排出为止。

1. 子宫颈开口期

子宫颈开口期是整个分娩过程的第一阶段，从有规则地出现阵缩开始子宫颈完全开大为止，这一期只有阵缩，没有努责。猪在这期间的表现主要是不安，并逐渐加重至起卧频繁，阴门中见有黏液流出。

2. 胎儿产出期

由子宫颈口充分开张至胎儿全部排出为止。这一期，母体的阵缩和努责共同发挥作用，而努责是排出胎儿的主要力量。母猪表现为极度不安，后肢踢腹，回顾腹部，当胎儿前置部分以侧卧胎势通过骨盆及其出口，母体四肢伸直，努责的强度和频率都达到了极点。

3. 胎衣排出期

胎膜和脐带共同排出体外的时期。胎儿被排出后，母体开始安静下来，随后由于子宫的强烈收缩，胎儿胎盘和母体胎盘中排出大量血液，绒毛和子宫腺窝之间的张力减弱，胎衣易于排出。猪属于上皮绒毛型胎盘，胎衣较易排出约需30min（10～60min）。

母猪分娩过程中应注意的几个问题。

当母猪产仔时，应保持环境安静，禁止闲杂人员走来走去或大声喊叫，防止由于环境嘈杂而造成的难产。

母猪破水后，接生员放好凳子，将手消毒，做好专职护理，不得随意离开。

仔猪离开母体后，要用干布擦净其口腔、鼻部及身体上的黏液。将脐带中血液捋向仔猪一方，并于距仔猪腹部4cm处用线扎紧，在线扎处外6cm处剪断；或直接在距仔猪腹部4cm处用手将脐带拧断，断端涂以碘酒。

做好猪瘟超前免疫。按规定注射1ml猪瘟疫苗，然后将仔猪放入保温箱中。

30min后，将仔猪轻轻抓出，让其哺乳。将弱小仔猪手把手固定在最前第2对或第3对乳头上吃奶，根据强弱固定乳头，以提高仔猪整齐度。

刚生下的假死仔猪要擦去其口鼻的黏液，立即做人工呼吸，争取救活。具体办法如下：用两手分别抓住其前后肢，轻轻地做有节律的开合动作，直到小猪有呼吸为止；或一手掂其后肢，另一只手拍打其臀部；再就是用酒精棉球涂抹假死仔猪口鼻周围，可刺激仔猪复活。假死仔猪表现为有心跳，但没有呼吸。

仔猪生后2～3d内，每头须注射血多素1ml，对分娩时失血的仔猪，可当即注射血多素7ml。

母猪阵缩和努责时间超过4h，仍无仔猪产下时，必须注射催产素或人工助产。助产时，节手臂必须严格消毒，涂以润滑剂，而且动作要轻，待手触及仔猪后，用手抓牢，随着母猪阵缩节律，轻轻拉出来，严禁动作过大，损伤产道。万不得已时采取剖腹产。

当母猪产仔间隔过长且一直卧于一侧或长时间躺卧时，可强迫其翻身或定期强迫其站立。人工助产时要一直进行到胎衣产下为止，而且人工助产的母猪必须注射抗生素（青霉素）防感染。

母猪分娩后的处理。母猪分娩后2～3d，应注射前列腺素10mg，使子宫内容物尽早排出体外，预防母猪产后恶露不净而引起的子宫炎、混合感染乳房炎及伴有的发热等，利于母猪断乳后的及时发情和配种。

第二节 猪的人工授精技术与操作规程

猪人工授精就是指人工辅助利用合适的器械采取公猪的精液，经过试验时品质检查、稀释或保存等适当地处理，再用器械把合适的精液适时地输入到发情母猪的生殖道以代替公、母猪直接交配而使其受孕的方法。猪人工授精技术的全面普及可大大节约种公猪饲养成本，提高改良速度，缩短改良周期，同时具有技术难度低、易于操作等优势，推广前景广阔。但由于人工授精技术不过关，操作不规范，造成母猪子宫炎增多、受胎率低和产仔数少的情况也很多。究其原因，主要是饲养或配种人员责任心不强、工作目标不明确、操作规程不科学、技术水平不高、缺乏爱心和耐心。因此，要想获得满意的授精效果，必须选择有技能，有耐心、细心和责任心，并能不折不扣执行操作规程的配种和饲养人员。

一、猪人工授精的优越性

人工授精与自然交配相比，优越性表现在：

增加了优秀公猪的利用机会，加快遗传改良速度，引入新的基因资源，能够有效地降低带入疾病的风险，减少公、母猪直接接触传播性疾病的机会。

节省公猪体力，避免公猪过度使用，克服公、母猪因体格相关太大难以交配，或生殖道异常不易受胎的困难。

能定期检查精液质量，经稀释、保存的精液便于运输，可使母猪配种不受地区限制，提高受胎率和产仔率。

减少公猪的饲养量，降低饲养成本，可发挥优秀种公猪的种用价值，提高公猪的配种效能。自然交配时，每头公猪每年仅能配母猪 20～30 头；而采精后经过稀释，1 头公猪的精液每次可配母猪 15～30 头。因此，人工授精可减少公猪的饲养头数，从而节约饲养管理费用，降低生产成本。

二、公猪的调教

（一）后备公猪的调教

后备公猪要小栏关养，但配种前一个月必须单栏关养。对待后备公猪要亲切、温和，做到每天擦拭一次，切勿粗暴斥打。6 月龄开始调教、定时饲喂、饮水、运动、洗浴、刷拭和修蹄、地点排便，外来品种 7～8 月龄性成熟，8～9 月龄开始进行采精调教训练。国内品种 4～6 月龄性成熟，7～8 月龄开始训练配种或采精。训练公猪采精必须细心和有耐心，实行本交的后备公猪，初配时要进行人工辅助。开始可用发情良好、体重适中的母猪进行调教试配，让其学会爬跨和交配。

（二）公猪采精调教方法

1. 观摩法

将小公猪赶至待采精栏，让其旁观成年公猪交配或采精，激发小公猪性冲动，经旁观2～3次大公猪和母猪交配后，再让其试爬假台畜进行试采。假台畜的制作应结实、稳定、高度可以调节，便于公猪爬跨。假台畜用钢木结构时，里面选盖一厚层弹性泡沫塑料，中间垫一层麻布，外面用厚帆布或用剥制熟化后的猪皮更好。采精场地应平坦、开阔、干净、无噪声。在采精时用录音机播放公母猪自然交配时的“哼哼”声最佳。假台畜后面垫一块长1.5m、宽1.2m的弹性橡胶垫，可防滑、保护公猪四肢，又易于水冲洗消毒。

2. 引诱法

一是选择发情旺盛、发情明显的经产母猪，让新公猪爬跨，等新公猪阴茎伸出后用手握住螺旋阴茎头，有节奏地刺激阴茎螺旋体部可试采下精液。二是可用发情母猪的尿液，大公猪的精液，包皮冲洗液喷涂在假母台畜背部和后驱，引诱新公猪接近假台畜，调整高度和斜度，让其爬跨假台畜。收集精液时防止温度急剧下降、污染；按照精液质量标准来评价采精成功与否。

三、人工授精的操作过程

人工授精包括精液的采取、精液的品质检查、精液的保存和输精等。

（一）精液采集前应做的准备工作

采精是人工授精的首要技术环节。认真做好采精前的准备掌握采精技术，合理安排采精频率，是获得大量优质精液的前提。采精的基本要求是方法简便、易于操作，采精时不影响正常的公猪性行为。采精前应做好相应的准备工作。

1. 采精场地的准备

采精要有固定的场所，以便公猪建立起巩固的条件反射，同时保证人畜安全和防止精液污染，一般采精场所应该宽敞、平坦、安静和清洁。公猪采精时室面积通常为15～25m^2；要求地面平整，便于冲洗、消毒；配有喷洒消毒和紫外线照射灭菌装置。

2. 假阴道的安装

假阴道是模仿母畜阴道内环境条件而设计制成的一种人工阴道。它由外壳、内胆、集精杯、固定胶圈等部分组成。安装假阴道前应先检查外筒、内胎等是否老化、发黏等，以免充水、充气时漏水、漏气。安装好的假阴道还应该满足3个基本条件，即适宜的温度（38～40℃）、恰当的压力（内胎入口处自然闭合成“Y”形或“X”形）和一定的润滑度等才能顺利地采得精液。

3. 采精器械的清洗、消毒

要求人工授精所用器械如假阴道、输精管、集精杯均无菌。每次使用后必须洗刷干净。可用洗衣粉或2%～3%碳酸氢钠清洗，但每次洗后要用清水冲干净，然后消毒。一般情况下，玻璃器械可用高压蒸汽消毒或高温干燥消毒 2h；橡胶制品用 75% 酒精棉球擦拭或煮沸消毒；金属器械用新洁尔灭水浸泡消毒后再用生理盐水冲洗，而毛巾、棉花等常用高压蒸汽消毒。

4. 台畜的准备和种公猪的调教

采精用的台畜有真、假之分，且各有利弊。所谓真台畜是指活母猪，要求活母猪健康无病、体格健壮、大小适宜、性情温驯等，以发情母猪最为理想。但是，由于工作方便和防止污染，一般用假台猪（采精台）进行采精。假台猪是模仿母猪体型高低大小，选用钢管或木料等做成一个具有一定支撑力的支架，然后在架背上铺以适当厚度的麻袋或猪皮等。假台猪采精非常方便、清洁和安全，因为公猪射精时间长，利用活母猪采精很不方便，而且公猪比较容易训练爬跨假台猪，只是采精前应对公猪调教一段时间。调教公猪以 7 ~ 8 月龄刚刚性成熟最易获得成功。调教方法有很多，如在假台猪的后躯涂抹发情母猪阴道黏液或尿液，也可用其他公猪的尿液或精液来代替，或者使用其他公猪已经爬跨采精过的假台猪；还可采用在假台猪旁安放一头发情母猪，引起公猪性欲和爬跨，但不让真正交配，爬上去即拉下来，这样反复多次，待公猪性激动至高潮，迅速牵走母猪，再诱导爬跨；也可让待调教的公猪“观摩”一头已调教好的公猪爬跨假台猪之画面，然后诱其爬跨；将小母猪设法直接安置固定在假台猪的底下，公猪只能爬跨在假台猪上，此法效果较佳，一般均能成功。若以上的方法公猪仍不肯爬跨假台猪，可以先让其爬跨发情母猪，并进行采精，反复几次后，再以同一地点使用假台猪采精，往往能成功。

（二）采精方法

采精方法很多，有假阴道发、手握法、按摩法和电刺激法。由于假阴道每次使用前后都要清洗消毒、安装并调解温度、压力和润滑度，使用比较麻烦，现在已很少应用。公猪常用手握法采精，手握法采精简便灵活，易于操作。首先在采精前一定要做好种公猪和假台猪的清洗消毒工作，并用消毒毛巾擦干；采精员应洗净手掌且消毒擦干，并戴上消毒过的医用外科手套，减少精液污染。

操作时采精员立于假台猪一侧，手心向下握成空拳，当公猪开始爬跨假台猪并逐步伸出阴茎时，采精员使公猪阴茎导入空拳内，待公猪阴茎在空拳内来回抽转一些时间后，手掌应由松到紧并带有弹性节奏地收缩阴茎，不再让其转动和滑脱，当阴茎继续充分勃起向前伸展时，应顺势牵引向前将其带出，不让转动和滑脱并有节奏地按摩阴茎龟头直至射精。用包裹毛巾或专用棉套子的集精瓶或保温杯接取精液，以防低温打击。最初射出的少量精液所含精子很少，可以不必接取，如果不需要测量射精量，则可用2～4层纱布覆盖集精瓶口来过滤精液，以减少尘埃污染和直接除去胶状物。或可采取“弃两头取中间”的办法，即弃去刚刚射出的约10ml精液，然后接取富含精子的浓精液，至射精最后的一段精液，其中大部分是精清，精子数量少，也应少取或不取，这样有利于提高精液质量。

（三）精液品质检查

为了鉴别精液品质的优劣，确定其利用价值。能否使用及确定稀释倍数必须对精液进行品质检查。生产上常规检查项目如下。

1. 射精量

指一次射出的精液数量，以毫升表示，猪通常射精量为200～300ml，多者达500ml。

2. 颜色和气味

猪的精液一般成乳白色，混浊而不透明，精子密度越大，颜色越白，精液颜色发红或发黄、发绿均不正常，猪精液闻之略带腥味、无臭。

3. pH的检查

正常猪精液略显碱性，pH值在7.0～7.5，生产上用pH试纸，取出一滴精液滴在试纸上，一分钟即可知道结果。

4. 精子活力的评定

精子活力强弱是评定精液品质好坏的重要指标，指精液中呈直线前进运动的精子占有精子数的百分率。正常精子呈直线运动形式，凡呈绕圆周运动、原地摆动或倒退等形式都不是正常运动。常用十进制评定法评定精子活力，即1.0、0.9、0.8、0.7……以此类推为10个等级，若无前进运动的精子，则以“0”表示。

精子活力检查时去一干燥、清洁载玻片，用一消毒玻棒蘸取精液少许，滴于玻片上，加盖玻片后，显微镜下放大200～400倍观察，然后以十进制进行评定。精子活力受测试温度影响很大，过高温度，精子运动加快，代谢加强，很快死亡；温度过低，精子受冷刺激也会死亡，所以检查精子活力必须在37～38℃环境下，一般要求每个样品看3个视野，求其平均数。

5. 精子密度检查

指每毫升精液中所含精子数。精子密度是稀释的依据，越密精度越好，主要有估测法和计数法两种。估测法是直接于显微镜下观察镜子稠密程度，分为密、中、稀3个等级，如果精子之间距离几乎看不出来，这种精液浓度每毫升中约有10亿以上的精子，定为“密”；如果精子之间的距离为一个精子的长度，则每毫升精液有5亿~10亿个精子，定为“中”；精子间距离超过两个以上精子长度，每毫升精子数在5亿以下，定为“稀”。

计数法通常采用血细胞计数器来计数精子，这种方法相对较为准确，具体计数方法可参照测定血细胞计数法。

6. 精子畸形率检查

形态和结构不正常的精子通称为畸形精子。正常精液中也不可能完全没有畸形精子，但一般不会超过10%~20%，且对受精率影响不大。精子畸形率即畸形精子占精子总数的百分率。畸形精子主要表现为头部畸形，如头部巨大、瘦小、细长和轮廓不明显；颈部畸形，如颈部膨大、纤细、屈折等；中段畸形，如中段膨大、纤细、弯曲等；主段畸形，如主段弯曲、屈折、短小、缺陷等。检查方法为：做一精液抹片，自然干燥后，用红墨水或5%伊红水溶液染色3~5min，再用清水冲洗并晾干，置于400~600倍显微镜下，随机数出不同视野500个精子中的畸形精子数。

（四）精液的稀释

精液稀释是指在采集的精液中加入适宜于精子存活并能保持其受精能力的稀释液。目的是为了扩大精液的容量，延长精子的寿命，增加输精母猪头数，而且便于长途运输。稀释时是在精液里添加一定量的、按特定配方配制的适宜精子存活并保持受精能力的液体。

1. 稀释液的主要成分

（1）稀释剂。主要用以扩大容量，一般用稀释液中的营养剂或保护剂来结合承担，要求与精液有相同或相似的渗透压。

（2）营养剂。主要是提供营养，以补充精子在代谢过程中消耗的能量，以便延长精子寿命。一半多采用糖类（如葡萄糖、果糖等），也用鲜奶或卵黄等。

（3）保护剂。是保护精子免受各种不良环境因素的危害。如缓冲物，常用的有柠檬酸钠、磷酸氢二钠和三羟甲基氨基甲烷（Tris）等，用以保持精液适当的pH值；防冷刺激物，常用的有卵磷脂，在奶类和卵黄中均有存在，具有防止精子冷休克的作用；抗冻物，如甘油、二甲基亚砜（DMSO）等，对精子具有抗冷冻危害作用；抗菌药物，如青霉素、链霉素、氨苯磺胺等，具有抗菌作用并抑制精液中细菌的繁殖。

2. 稀释液配制时必须遵守以下基本原则

（1）配制稀释液的各种药物原料品质要纯净，一般应选择化学纯或分析纯制剂，同时要使用分析天平或普通药物天平按配方准确称量。

（2）配制和分装稀释液的一切物品用具，事先都必须刷洗干净和严格消毒。

（3）配制稀释液的各种药物原料用水溶解后要进行过滤，以尽可能除去杂质异物。

（4）配制好的稀释液如不现用，应注意密封保存不受污染。

（5）经消毒后的溶液必须冷却到室温时方可加入抗生素或卵黄等成分，以免卵黄变质、抗生素失效。

3. 精液稀释时的注意事项

精液稀释时要求用事先准备好的与精液等温的稀释液进行处理（25～30℃），严防温差过大或环境骤变，或稀释速度过快的不良影响。猪精液稀释以1～2倍为宜，欲科学地计算稀释倍数，可参照下列方法：

精液稀释倍数＝（精液密度×活率）/母猪输精时应输入有效精子数

4. 稀释方法

用注射器或乳头吸管吸取稀释液，沿玻璃壁缓慢加入精液中，再稍加摇晃便可，然后取一滴稀释后的精液放在载玻片上，盖好玻片进行观察，看其活力有无变化，精子活力下降，说明稀释不当，应查找原因。

5. 稀释液配方示例

配方Ⅰ乳粉缓冲糖液：脱脂奶粉15g、葡萄糖45g、碳酸氢钠1.2g、高氨磺酰基1g、磺胺甲基嘧啶钠2g、蒸馏水1 000ml。

配方ⅡBTS液：葡萄糖37g、碳酸氢钠1.25g、柠檬酸钠6g、乙二胺四乙酸钠（EDTA）1.25g、氯化钾0.75g、青霉素0.60g（100万IU），双清链霉素1g，蒸馏水加至1 000ml。

（五）精液的保存

精液保存的目的是为了延长精子的存活时间，便于运输，扩大精液的使用范围。基本原理是抑制精子的活动，降低其代谢强度，以减少能量消耗，其保存方法有：

1. 常温保存

适宜温度15～25℃，为提高常温稀释液的保存效果，应尽可能在15～25℃的允许温度范围内降低保存温度和设法保持温度恒定，以及隔绝空气造成的缺氧环境，常温保存主要是利用稀释液中的有关成分所创造的的弱酸性环境，抑制精子运动和降低代谢水平，为延长精子寿命，常在精液中加入适当剂量的抗菌物质以抑制细菌微生物的孳生。采取的公猪精液如果立即使用，可不稀释或用一种成分稀释液稀释，如需保存1～2d的，可用两种成分稀释液稀释，如需保存3d以

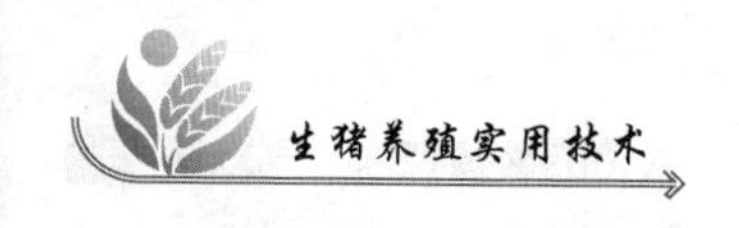

上的，则必须使用多种成分的稀释液稀释。

猪精液常温保存是在精液稀释后，按规定的输精剂量分装在适当的贮精瓶内，使在分装精液后不再留有余地，瓶口加塞密封。最好是将精液放于冬暖夏凉的旱井中，旱井可用2～3节水泥管埋入地下做成，深度约3m，直径约40cm，井内温度可维持在12～20℃，其保存效果是最为理想的。

2. 低温保存

将稀释后的精液置于0～5℃的低温条件下保存。低温保存稀释液具有含卵黄或奶液为主体的抗冷休克的特点。在这种低温条件下，精子运动完全消失而处于一种休眠状态，代谢降低到极低水平，而且混入精液中的微生物的孳生与危害也受到限制，固其精子的保存时间一般较长。但据国内外的研究报道，猪精液的低温保存不如常温保存，主要表现为受胎率降低。

3. 冷冻保存

利用液氮（－196℃）、干冰（－79℃）作为冷源，将精液处理后，保存在超低温下，可以长期保存精液。冷冻时精子的活动完全消失，代谢几乎停止，这是精液保存最理想的方法，可是现在猪精液的冷冻保存仍处于试验阶段，主要因为受胎率和产仔率较低且不稳定，固尚未用于生产。

（六）输精方法

其是人工授精的最后一个环节。适时而准确地把一定量的优质精液输到发情母猪体内适当部位是获得高受胎率的关键。输精量和输入有效精子数与母猪的生理状态、精液保存方法、精液品质如何、输精人员技术水平都有一定关系，精液品质较差时输精量应适当增加，以保证输入的有效精子数达到规定标准。

母猪输精一般采用输精管插入法。猪的输精器种类较多，如一个输精管（橡皮管或塑料管）和一个注射器相连的输精器；还有些输精管的尖端模仿公猪的阴茎头设计成螺旋状；有的在输精管尖端带有一个充气环。输精前要求精液温度升到30℃左右，并检查精液活力不低于0.5最好。输精时让母猪自由站立，将精液吸入注射器内，接上输精管，输精管外涂抹少量的润滑剂，左手握注射器，右手持输精管沿阴道上壁插入，避开尿道口后即以水平方向，边左右旋转边向前推进，经抽送2～3次后，直至不能继续再前进为止，此时向外拉出一些，缓缓注入精液。若母猪走动，待安抚母猪站稳后再继续输精。输精完毕后慢慢抽出输精管，按压母猪腰部使精液不倒流，稍待片刻再放走母猪。每次输精时间为3～5min，不宜太快。

母猪的输精量国外通常为50～100ml，精子数为50亿左右；国内输精量为

20～30ml，精子数为20亿～30亿。

四、影响猪人工授精效果的原因及对策

（一）精液的因素

公猪精液品质的好坏，是影响母猪情期受胎率和产仔数的直接原因。由于种公猪自身的原因采出的精液不合格，没有经过认真观察，稀释处理后直接输精，或者由于稀释液放置时间太长、密封不好、被污染等原因，致使稀释后的精液品质下降，影响母猪情期受胎率和产仔数。因此在进行输精前均要认真检查其品质。另外，稀释剂或恒温冰箱的温度等原因，有时保存过的精液品质会明显下降，在无公猪可采精或无精液可用的情况下，将精液输给母猪，导致受胎率和产仔数下降。在这种情况下，最好将母猪配种推后一个情期，以保证正常的繁殖性能。在炎热的夏天或寒冷的冬天，精液瓶或袋在外界裸露时间太长，由于热应激或冷应激的影响，精液品质均会发生变化，精子活力降低，导致母猪的情期受胎率和产仔数下降。夏天或冬天输精前，精液最好用泡沫箱盛放，夏天放冰，冬天注意保温。

（二）母猪的因素

由于母猪哺乳或其他原因导致太肥或太瘦，发情表现不明显，既使发情后输了精，也容易返情，或由于母猪日粮中部分营养物质缺乏，容易造成胚胎早期死亡，导致母猪返情或产仔数少。因此，配种前要注意母猪日粮和体况的调节。如果母猪患有猪瘟、乙型脑炎、巴氏杆菌病等，输精后很容易返情，即使受胎，也容易造成胚胎早期死亡而导致母猪产仔数少；或母猪患有可见性或隐性子宫炎，无论怎样输精都不会受胎。即在母猪自身有某些疾病发生时，人工授精的效果就可能差。因此，有病的母猪应先治疗，痊愈后方可进行输液。由于先天性或其他疫病的原因导致母猪输卵管堵塞，输精后也不会有什么效果。

（三）人为原因

配种员的输精技术是影响母猪情期受胎率和产仔数的影响因素，主要表现如下。

1. 观察发情

有的配种员只是观察母猪阴户的变化，有的在母猪出现站立反应时即开始输精，有的差不多在发情结束时才观察到，这些做法都会影响母猪的受胎率和产仔数。正常情况下，母猪出现发情症状后30～36h表现出站立反应，38～41h开始排卵，一般卵子在6h以内有授精能力，而精子在母猪阴道内存活时间为24h左右。因此，第一次输液时间应选择在母猪出现站立反应后8～12h，太早或太迟

都会造成不良后果，然后间隔12h左右进行第二次输精。

输液前准备工作：输精前，如果不对母猪外阴进行清洗、消毒，很容易通过输精管将细菌或病毒带入母猪阴道或子宫，以致引起母猪子宫炎等疾病，从而影响人工授精效果。因此，每次输精前均应先清洗母猪外阴，然后用经消毒液侵泡后晾干的毛巾擦拭干净。消毒液最好不用高锰酸钾溶液，因为浓度控制不好时，对母猪有一定的腐蚀性。

2. 输液方法

插入输精管时，注意是否插入了尿道，要斜向上45℃左右旋转插入，不能硬插，以免损伤母猪的阴道，并且在输精管头部事先涂上润滑剂，以利于插入。根据母猪体长，一般插于30cm左右就到了子宫颈口，往回拉有一定阻力时就可以进行输精。输精时要抚摸母猪外阴或下腹部乳房，以增强母猪的兴奋性，提高人工授精效果。

3. 输精时间

输精时间与母猪情期受胎率和产仔数有很大关系。有时配种员为了赶时间，一头母猪2～3min便输完了精，也没注意是否有倒流现象，结果返情的多，产仔数少。有经验的配种员认为，输精时间宁可多花两分钟时间，以减少分娩时产仔少而带来的后悔。经试验也观察到，输精时间在3min以内的母猪与5min以上的母猪相比较，前者的受胎率和产仔数远远低于后者，且差异显著。因此，母猪配种时输精时间应控制在5min以上，但也不要太长，以免影响工作的正常进行。

4. 配种方式

在人工授精技术不成熟时，配种方式以一次本交一次人工授精为最好。除非纯繁时全部用人工授精，生产杂交猪也以本交—人工为主，以充分利用杂交优势的影响。

5. 输精后母猪姿势

输完精液的母猪如果马上卧下，精液容易倒流，影响人工授精效果。因此，输完精后，拍打一下母猪的臀部，让它运动，不要立即卧下去。

6. 配种员差异

技术水平高的配种员，由于经验丰富，观察母猪发情、输精等工作比技术水平低的做得好。因此，一个猪场母猪繁殖性能的好坏，除与品种、公猪等有很大关系外，还与配种员有一定的关系。要注意从众多的配种员中选择责任心强，有耐心的进行重点培养，选优汰劣，以提高猪场的经济效益和社会效益。

（四）其他原因

1. 天气

根据观察发现，晴天输精的母猪比阴雨天输精的效果好。可能由于阴雨天周围环境湿度大（母猪适宜的相对湿度为70%～80%），及母猪缺乏运动，兴奋性不强，导致容易返情或产仔数少。

2. 温度

母猪适宜的温度范围是13～27℃，最高一般不能超过32℃。温度太高，精子、卵子的受精时间缩短，早期胚胎容易死亡；温度太低，母猪会受冷应激的影响，均影响人工授精的效果。因此，母猪配种时温度要适宜，注意防暑降温或冬天保温。一般夏天炎热时，选择在早上7：00以前或下午6：00以后气温较低时输精，切忌在中午气温超过37℃以上时输精。

3. 饱腹情况

如果母猪吃料后输精，由于血液循环主要集中在胃肠部，母猪不愿运动，性欲低，容易导致返情。因此，最好在输完精后再喂料。

4. 输精管

重复性使用的输精管由于前端无膨大部，输精时容易倒流，并且不易彻底消毒，从而影响人工授精的效果；部分一次性输精管由于前端海绵头太薄或海绵头容易脱落，输精时容易损伤母猪阴道，从而造成母猪子宫炎等，影响母猪的受胎率和产仔数。因此，选择输精管时应该选择质量较好的一次性输精管。

5. 母猪品种

地方品种猪发情明显，输精效果好。引进品种特别是长白、大白发情不明显，输精效果略差，但情期受胎率都可达到85%以上，相当于甚至好于自然交配的效果。

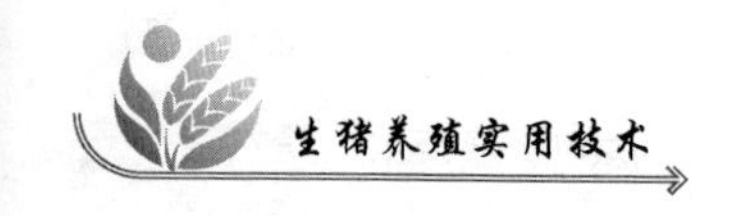

第七章 猪的疫病防治

第一节 猪疫病防控的基本原则

猪场的防疫工作对于猪场疫病的控制，预防重大传染病的发生和流行，从而保障养猪生产意义重大。猪的疫病是由生物病原体引起的，猪表现出一定的潜伏期和临诊症状，并且在猪之间相互传播的疾病。无论是过去，还是现在，猪传染病一直是危害养殖业最严重的疾病，一旦发生猪传染病，就可能造成大批猪的发病和死亡，造成较大损失。有些猪传染病属于人兽共患病，如狂犬病、流行性感冒、鼠疫、结核病、大肠杆菌病、沙门氏菌病、炭疽等，这些疾病对人类的健康造成威胁。全世界各国政府都非常重视对猪传染病的控制工作。国际兽医局将各种动物传染病按危害程度分为 A、B、C 三大类。其中，A 类为严重的烈性传染病，A 类猪的烈性传染病包括口蹄疫、水泡性口炎、结节性皮炎、蓝舌病、非洲猪瘟、猪瘟、猪水疱病、猪传染性脑脊髓炎等，这些疾病传播迅速，流行范围广，可造成严重的经济损失，影响猪及其产品的国际贸易。根据确定，如果确诊为 A 类传染病，必须 24h 内向国际兽医局申报疫情，全力组织扑灭，防止扩大传播。

猪传染病造成的经济损失十分巨大。1990 年比利时暴发猪瘟，扑杀 100 万头猪；1997 年荷兰也因发生猪瘟而销毁 200 万头猪；2000 年英国暴发猪口蹄疫造成直接经济损失 100 亿英镑，并因此推迟大选。我国畜牧业在改革开放 20 年里取得了举世瞩目的成就，养殖规模迅速扩大，但猪病造成的损失也很大。

综上所述，做好防疫工作，控制和消灭猪传染病，可以保护人类健康，促进养殖业的发展，提高经济效益。

一、要做好防疫工作，首先要健全法制，依法办事，严格执法

我国目前执行的主要兽医法规有 1985 年国务院发布的《家畜家禽防疫条例

实施细则》、1991 年全国人大常委会通过并公布的《中华人民共和国进出口动植物检疫法》以及 1997 年 7 月全国人大常委会通过并公布的《中华人民共和国猪防疫法》。这些法律、法规为加强猪防疫工作的管理、预防、控制和扑灭猪疫病，促进养殖业发展，保护人类健康提供了有力的保证。

二、要做好防疫工作，必须贯彻“预防为主”的方针

所有从事畜牧兽医工作的人员都要牢固树立“预防为主、养防结合、防重于治”的思想。搞好饲养管理、防疫卫生、预防接种、检验、隔离、消毒等综合措施，提高猪的抗病能力和健康水平，控制盒杜绝传染病的传播，降低猪的发病率好死亡率，提高猪的生产性能，增加经济效益。不仅要做好大型集约化养殖企业的防疫工作，同时也要十分重视个体养殖户的猪疫病的防制。在抓好兽医防疫工作骨干专业队伍建设的同时，也要做好向群众普及畜禽养殖技术和猪疫病防治基本知识。

猪传染病的防疫措施，一般分为平时的预防措施和发生传染病时的扑灭措施两部分。猪传染病的流行是由传染源、传播途径和易感猪 3 个环节相互联结而形成的。采取恰当的防疫措施来控制传染源，切断传播途径、保护易感猪，从而达到预防或扑灭传染病的目的。在制定防疫计划和实施措施时，必须采取“养、防、检、治”为主要内容的综合性措施。以下介绍有关防疫工作的基本措施。

第二节　预防猪疫病的措施

一、加强饲养管理，提高猪的抗病力

近年来，猪病越来越复杂化，在平时养殖过程中，猪随时都有可能被致病微生物感染而发病，如果猪生长在良好的条件下，生长发育健康，体质健壮，其对疫病的抵抗力较强。此时有利于预防接种，产生较好的免疫效果，防止或减少某些疫病的发生。如果猪在饲养管理不好的条件下生长，则其对疫病的抵抗力就会下降，易受到病原微生物的侵袭，造成传染病的流行。加强饲养管理应从以下几个方面考虑。

（一）改善猪场环境

受传统养殖方式及养殖用地的限制，养猪户环保意识淡薄，人畜混居情况普遍存在，猪粪处理不当，易造成传染病的流行。新建养猪场一般应选择地势比较高、干燥、向阳易采光、冬季易保暖、夏季易通风的地方，交通便利，水源充足

卫生。在可能的条件下，要与交通干线、城镇及其他公共设施保持一定距离，以不低于500m为宜，特别注意应远离猪交易市场，猪屠宰场和加工厂。

（二）全价均衡的饲料营养

根据不同用途，不同发育阶段饲喂相应的全价饲料，确保猪所需要的全部营养。一旦猪所需的营养不足或营养不平衡，就会造成体质下降，抗病能力降低，容易患病。

（三）坚持“全进全出制”

“全进全出制”是指在同一场所饲养同一来源，同一日龄的猪，然后同时出售或淘汰。这样做有利于猪疫病的预防，特别是有利于合理免疫程序的实施。

（四）做好环境卫生工作

饲养员每天定时清扫或冲洗猪圈舍，及时翻晒或更换饲料。保持畜禽舍的通风换气和地面的干燥。确保猪、畜禽舍适宜的光照。

二、预防性消毒

猪场应保持整个环境的清洁卫生，有效地消毒可以将养殖场内的病原及时杀灭，减少或杜绝疫病的发生。预防性消毒是指平时预防畜禽传染病的一项主要措施。对畜禽圈舍、场地、用具、饮水以及猪体表等进行定期消毒可以消灭畜禽周围环境中的病原体，从而预防传染病的发生和流行。兽医预防工作中常用的消毒方法包括物理消毒法、化学消毒法和生物热消毒法3种。

（一）物理消毒法

最常用的物理消毒法是清扫和洗涮圈舍。将粪、尿、垫料、饲料残渣等及时清除干净，洗涮猪体被毛，这种方法虽然不能杀灭病原体，但可以有效地减少畜禽圈舍及体表的病原微生物数量。据测算，清扫可以去除环境内90%以上的微生物。如果不首先进行清扫、洗涮，圈内因为积有粪便等有机物，将直接影响常用消毒剂的消毒效果。通风换气也是一种减少舍内病原体数量的有效方法。

利用太阳照射进行消毒。太阳光中的紫外线具有较强的杀菌消毒作用。一般病毒和细菌，在强烈直射阳光下几分钟至几个小时即可被杀灭，即使是抵抗力很强的细菌，在连续几天强烈阳光下反复曝晒，其致病力也可减弱或死亡。而且阳光照射的灼热以及水分蒸发所致干燥亦具有杀菌作用。所以，阳光曝晒是一种简单、经济、易行的消毒方法。

另外，可在生产区出入口更衣消毒间用紫外灯来对空气和物体表面进行消毒。安装使用紫外灯的要点如下：灯管以不超过地面2m为宜，灯管周围1.5～2m处为消毒有效范围。被消毒物表面与灯管相距不要超过1m。每次照射消毒物品的时间应在 1h 以上，紫外线穿透力弱，只能对直接照射的物体表面有较好的消毒效果，对被遮挡的部分没有杀菌消毒作用。消毒时，人员应离开现场，因为紫外线直射可引起急性眼结膜炎、皮炎等。

火焰焚烧是一种简单而又有效的消毒方法。结合平时清洁卫生工作，对清扫的垃圾、污秽的垫草等进行焚烧，对有病猪的粪便，残余的饲料以及被污染的价值不大的物品均可采用这种办法来杀灭其中的病原体。对不易燃烧的圈舍、地面、栏笼、墙壁、金属制品可以喷火消毒。

（二）化学消毒法

化学消毒法是指在兽医防疫工作中应用最为广泛的一种方法。用于消毒的化学药品称消毒剂。消毒剂的消毒效果和病原体的抵抗力、病原体的数量、消毒剂的浓度，用途、作用时间、环境温度、湿度、pH 值以及环境中是否存在粪便等有关。市场上销售的消毒剂品种很多，应根据具体情况，选择针对病原体消毒效果好，对人畜安全，在消毒环境中性状稳定，价格有效，又节约。对加热后不被破坏的消毒液（如氢氧化钠、福尔马林等）适当增加消毒液的温度，可增强消毒效果。消毒时要保证足够的时间，否则达不到理想的效果。

常用的消毒剂可分为酚类及其衍生物（如菌毒杀、来苏尔）、醇类（如酒精）、碱类（如石灰）、氧化剂（如高锰酸钾）、酸类（如盐酸）、卤素类（如漂白粉）和表面活性剂（如新洁尔灭）等。下面介绍几种兽医防疫中常用的消毒剂及使用方法：

1. 石灰

1 份生石灰（氧化钙）加 1 份水即制成熟石灰（氢氧化钙），然后用水配成 10% ~20% 混悬液，可用于墙壁、圈栏、地面的消毒。因为熟石灰久置后吸收空气中的二氧化碳变成碳酸钙而失去消毒作用，所以要求现配现用。在潮湿的地面撒生石灰也可起到消毒的作用。

2. 碳酸钠（纯碱）

常用 4% 的热溶液洗涮或浸泡用具和场地。

3. 漂白粉

漂白粉是一种应用较广的消毒剂。其主要成分为次氯酸钠。它遇水后产生极不稳定的次氯酸，再离解产生氧原子和氯原子，通过氧化和氯化作用而达到杀菌目的。漂白粉的消毒作用与有效氯含量有关，其有效氯含量一般在 25% ~36% 。漂白粉很不稳定，有效氯易散失，时间久了则不适于消毒用。漂白粉常用浓度为 5% ~20% ，其 5% 溶液可杀死一般病原菌，10% ~20% 溶液可杀灭芽胞。一般用

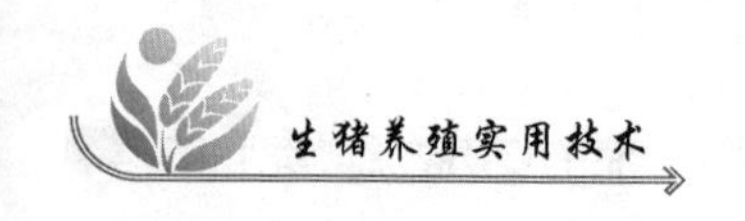

于畜禽圈舍、地面、水沟、粪便、水井、运输工具等消毒。

4. 福尔马林

福尔马林为含甲醛37% ~40%的水溶液，有很强的消毒作用。1%水溶液可用作猪体表消毒，2% ~4%水溶液用于喷洒墙壁，地面等。圈舍、孵化器、种蛋等的熏蒸消毒时常与高锰酸钾按2∶1的比例使用。福尔马林对皮肤、黏膜有刺激作用，使用时应注意人畜安全。

5. 过氧乙酸

过氧乙酸（过醋酸）：纯品为无色透明液体，易溶于水。市场上销售的成品有40%的水溶液，性状不稳定，须密闭避光贮存在3% ~4%的环境中，有效期半年。高难度加热（70℃以上）能引起爆炸，低浓度10%溶液很安全，但易分解，应现配现用。本品为强氧化剂，消毒效果好，能杀死细菌、真菌、芽胞和病毒。可用于金属制品和橡胶制品等的消毒。常用0.5%溶液消毒畜禽舍、地面、墙壁、食槽等。

6. 环氧乙烷

环氧乙烷具有很高的化学活性和极强的穿透力，是一种高效广谱消毒剂，对各种病原微生物均有杀灭作用，可用于皮毛、皮革、丝毛织品等消毒。但气温低于15℃时无消毒作用。本品沸点为10.8℃，温度超过沸点时则产生蒸汽，对人畜有一定毒性，并且易燃易爆。

7. 新洁尔灭

新洁尔灭属季铵盐类阳离子表面活性消毒剂。新洁尔灭具有较强的去污和消毒作用，性质稳定，无刺激性，无腐蚀性，对多数革兰氏阳性菌和阴性菌均有杀灭作用，但对病毒、霉菌效果较差。用0.1%水溶液浸泡各种物品30min可达到消毒目的。使用时应注意不要与肥皂或碱类接触，以免降低消毒效力。

8. 氯胺

氯胺（氯亚明）：为结晶粉末，易溶于水，含有效氯11%以上，性质稳定，在密闭条件下可以长期保存，消毒作用缓慢而持久。饮水消毒按每吨水加4g，圈舍及污染器具消毒时则用0.5% ~5%水溶液。

9. 百毒杀

百毒杀（葵甲溴铵溶液）：无色、无臭、无刺激性，无腐蚀性的双链季铵盐消毒剂。对人和猪均无毒，具广谱、速效和长效等优点。可杀灭病毒、细菌、真菌等病原微生物。可用于饮水、环境、用具、种蛋和猪体表消毒。本品稳定，长期保存效力不减。用药1次，可维持药效3 ~5d。使用简单方便，可供喷雾、饮水、浸泡、泼洒等消毒，也可供猪体喷雾消毒。饮水消毒时每吨水加50%浓度规格的百毒杀50～100ml，畜禽圈舍及体表喷雾消毒则每10L中加50%浓度规格百毒杀3ml，发生传染病时浓度加倍。

(三) 生物热消毒

利用微生物发酵产热达到消毒目的，常用于对粪便的处理。粪便经堆积发酵，内部温度可达60～70℃，经1～3周可杀死一般的病原体及寄生虫虫卵。粪便发酵可生产沼气，既可消毒粪便，又提供能源，有利于环保。

三、预防接种

用疫苗免疫接种是控制猪传染性疾病，尤其是病毒性疾病最重要手段之一。特别是集约化养殖企业和饲养规模较大的农户，一定要根据情况制定合适的免疫程序，平时有计划地给健康猪进行免疫接种，否则，一旦发生猪传染病，将会造成重大经济损失。

预防接种就是给猪接种疫苗。在疫苗的刺激下，猪机体产生特异性免疫力而具有抵抗某些传染病的能力。所以，认真做好预防接种工作是平时预防猪传染病的关键措施。对某些猪传染病，如猪瘟、猪肺疫、猪丹毒。

疫苗是由特定的微生物如细菌、病毒等制成的主动免疫制剂。疫苗分为活疫苗和灭活疫苗（死疫苗）两类。一般而言，接种活疫苗约经过7d，接种灭活疫苗约经过14d，猪才能产生主动免疫而具有的免疫力。猪在免疫接种后，在一段时间内不受相应病原体的感染。

要做好免疫预防接种工作，首先要制定合理的免疫程序。根据疫苗的免疫特性，合理地制定预防接种的次数、间隔时间和接种途径称为免疫程序，只有合理的免疫程序进行预防接种，才能更好地发挥疫苗的免疫作用，使猪获得较强的免疫力。目前国际上还没有一个供统一使用的疫苗免疫程序，实际上也不可能有标准的程序。可以请相关专业人员帮助制订免疫程序。制订一个适合本地区、本养殖场的免疫程序要综合以下几个方面的因素。

制订计划时，要有的放矢，对当地经常发生或受威胁有可能传入的某些传染病，一定列入计划。如果在当地从未发生过某种传染病，也没有从别处传入的可能时，可不进行该种传染病的预防接种，例如，我国已消灭牛瘟，所以养牛时就不必接种牛瘟疫苗。根据猪品种、用途，确定使用哪些疫苗。

母源抗体水平：免疫过的猪其后代体内在一定时间内有母源抗体存在。较高的母源抗体可能干扰预防接种的效果。只有随幼龄猪日龄的增加，母源抗体减至一定水平时，适时进行预防接种，使之获得可靠的免疫力。

猪的免疫应答能力：幼龄猪的免疫器官尚未发育完全，对疫苗的免疫应答能力相对较弱，免疫效果可能不好。所以对幼龄猪进行某种疫苗接种后，通常在较大日龄再次免疫，使之获得坚强的免疫力。

疫苗的种类：用于预防畜禽传染病的疫苗种类很多，在制订适合本地的免疫程序时，应注意选择合理的疫苗。

免疫接种方法：常用的预防接种方法有皮下注射、肌内注射、饮水、点眼、滴鼻和喷雾等。在制定免疫程序时，要根据疫苗本身特性和本地、本场实际情况确定接种方法。不同种类的疫苗有不同的免疫途径，即使是同一种疫苗，也有不同的免疫途径，免疫效果也不尽相同。

接种后的反应：有的疫苗接种后会影响猪的生产性能；有的猪在免疫后表现为精神不好或食欲下降。

四、药物保健

为了预防某些猪传染病（细菌性和寄生虫性疫病）。通常在猪的饲料或饮水中适当加入某些药物。常用的药物有抗生素（如土霉素、红霉素、四环素、庆大霉素、泰乐菌素、林肯霉素等）、磺胺类药物（如磺胺嘧啶、磺胺脒、磺胺甲基嘧啶、磺胺二甲基嘧啶等）、驱虫药（如吡喹酮、球痢灵、丙硫苯咪唑等）以及喹诺酮类药物（如氟哌酸、环丙沙星、恩诺沙星等）。例如在饲料中加入0.1%土霉素，或在饮水中加入100～200mg/kg诺氟沙星或环丙沙星等药物能起到比较好的预防效果。

微生态制剂用于预防猪肠道细菌性腹泻有明显作用，且具有无毒副作用、无残留、不产生耐药菌株等优点。

饲料添加剂除了补充猪营养，促进猪生长发育外，还可以提高猪的抗病能力。需要指出的是，在饲料和饮水中加入药物一定要谨慎。药物的滥用会造成许多不良后果。如耐药菌株的形成、猪体内正常菌群的失调以及猪产品中药物残留都已引起人们的高度重视，国家已开始立法，禁止在猪饲料中添加有关药物。

为了趋利避害，在添加药物预防疾病时不可乱加；药物在猪体内及其产品中的残留量不得超过许可量，按规定实行停药期以避免对人体的危害；加入的药物一定要与饲料或饮水充分混匀，因为药物预防剂量都很小，如果不充分混匀，则可能出现因未摄入足量药物而达不到预防效果，有的猪有可能因摄入过量药物而出现中毒。

五、主要传染病免疫程序

各地养猪场应根据当地传染病发生病种及规律选用以下免疫种类及程序。

(一) 猪瘟

种公猪：每年春、秋季用猪瘟兔化弱毒疫苗各免疫接种1次。

种母猪：于产前30d免疫接种1次；或春、秋两季各免疫接种1次。

仔猪：20~30日龄、65~70日龄各免疫接种1次；或仔猪出生后未吃乳前立即用猪瘟兔化弱毒疫苗免疫接种1次。

后备种猪：产前1个月免疫接种1次；选留作种用时立即免疫接种1次。

(二) 猪丹毒、猪肺疫

种猪：春、秋两季分别用猪丹毒和猪肺疫菌苗各免疫接种一次。

仔猪：断奶后合群（或上网）时分别用猪丹毒和猪肺疫菌苗免疫接种1次。70日龄分别用猪丹毒和猪肺疫菌苗免疫接种1次。

(三) 仔猪副伤寒

仔猪断奶后合群时（33~35日龄）口服或注射1头份仔猪副伤寒菌苗。

(四) 仔猪大肠杆菌病（黄痢）

妊娠母猪于产前40~42d和15~20d分别用大肠杆菌腹泻三价灭活菌苗（K88、K99、987P）免疫接种1次。

(五) 仔猪红痢病

妊娠母猪于产前30d和产前15d，分别用红痢灭活菌苗免疫接种1次。

(六) 猪细小病毒病

种公猪、种母猪：每年用猪细小病毒疫苗免疫接种1次。

后备公猪、母猪：配种前1个月免疫接种1次。

(七) 猪喘气病

种猪：成年猪每年用猪喘气病弱毒菌苗免疫接种1次（右侧胸腔内）。

仔猪：7~15日龄免疫接种1次。

后备种猪：配种前再免疫接种1次。

(八) 猪乙型脑炎

种猪、后备母猪在蚊蝇季节到来前（4—5月份），用乙型脑炎弱毒疫苗免疫接种1次。

(九) 猪传染性萎缩性鼻炎

妊娠母猪在产仔前1个月于颈部皮下注射1次传染性萎缩性鼻炎灭活苗。

仔猪：70日龄注射1次。

(十) 猪伪狂犬病

猪伪狂犬病弱毒疫苗用PSB（磷酸缓冲盐溶液）稀释成每头1ml。

乳猪肌内注射0.5ml，断奶后再注射1ml。

3月龄以上猪只肌内注射1ml。

妊娠母猪及成年猪肌内注射2ml。

六、寄生虫控制程序

常见蠕虫和外寄生虫的控制程序：

首次执行寄生虫控制程序的猪场，应首先对全场猪群进行彻底的驱虫。

对怀孕母猪于产前1~4周内用1次抗寄生虫药。

对公猪每年至少用药2次，但对外寄生虫感染严重的猪场，每年应用药4~6次。

所有仔猪在转群时用药1次。

后备母猪在配种前用药1次。

新进的猪驱虫2次（每次间隔10~14d）后，并隔离饲养至少30d才能和其他猪并群。

第三节　猪的常见疫病

一、猪瘟

猪瘟又称“烂肠瘟”是由黄病毒科瘟病毒属的猪瘟引起的猪的一种急性高度传染性疫病。本病流行广、传染快、死亡率高，一年四季均可发生。

（一）病原

猪瘟病毒属黄病毒科瘟病毒属，病毒直径40~50nm，核衣壳直径29nm，囊膜突起长6~8nm，基因组为正向单股RNA。病毒存在于病猪的各个器官、组织、分泌物以及粪尿中。病猪和带毒猪是主要传染源，病毒随其粪尿、唾液等排出，污染饲料、饮水和外界环境。本病经消化道传染，也可通过呼吸道、眼结膜及皮肤伤口传染。此外，畜禽、野生动物、鸟类和昆虫、人和运输工具也能机械带毒，促进本病的发生和流行。

病毒对外界的环境抵抗力较强，但易被碱性化学药品和高温杀死，如2%烧碱在50min内可杀死猪瘟病毒。

（二）流行病学

猪是本病唯一的自然宿主，病猪和带毒猪是最主要的传染源，易感猪与病猪的直接接触是病毒传播的主要方式。感染猪在发病前即可从口、鼻及泪腺分泌物、尿和粪中排毒，并延续整个病程。康复猪在出现特异抗体后停止排毒。因此，强毒株感染在10～20d内大量排出病毒，而低毒株感染后排毒期短。强毒在猪群中传播快，造成的发病率高。慢性的感染猪不断排毒或间歇排毒。

当HCV低毒株感染妊娠母猪时，起初常不被察觉，但病毒可侵袭子宫中的胎儿，造成死产或出生不久即死去的弱仔，分娩时排出大量HCV。如果这种先天感染的仔猪在出生时正常，并保持健康几个月，它们可作为病毒散布的持续感染来源而很难被辨认出来。因此，这种持续的先天性感染对瘟猪的流行病学具有及其重要的意义，Liess用低毒力的野毒Glertoif株给妊娠40、70、90日龄的母猪滴鼻感染，结果引起母猪繁殖障碍。40日龄感染者发生死胎、木乃伊和流产；70日龄感染，所生的仔猪约有45%带毒，出生后出现先天性震颤，多于1周死亡；90日龄感染生后仔猪可存在2—11个月，猪无明显症状，此种感染猪终生带毒、散毒，为HCV的主要储存宿主，有这些猪存在，即可形成猪瘟常发地区或猪场。

猪群引进外表健康的感染猪是猪瘟暴发最常见的原因。病毒可通过猪肉和猪肉制品传播到远方。未经煮沸消毒的猪肉含毒残羹，是重要的感染媒介。人和其他动物也能机械的传播病毒。HCV可在野猪群中形成感染循环，在有些国家和地区是对家猪的严重威胁。

（三）症状

潜伏期2～4d。

1. 急性型

在新疫区或流行初期发生较多。病猪体温升高达41℃以上，食欲废绝，有脓性结膜炎，鼻盘干燥，行动缓慢，背腰拱起，走路不稳，常挤卧一起。初便秘，排栗子粪；后下痢，粪便混有血液和伪膜。耳根、腹下及四肢内侧皮肤上有暗红色出血点。阴茎鞘积尿，呈浑浊白色液体，具恶臭。个别病猪有神经症状，小猪较多见。病程1周左右，多数病猪死亡。

2. 亚急性型

多见于流行中后期或猪瘟常发地区。症状与急性相似，但较缓和。病猪体温先升高后下降，以后又升高，直至死亡。口腔黏膜发生炎症，扁桃体肿胀、有溃疡，舌、唇及齿龈有时也有溃疡。耳、四肢、腹下、会阴等处皮肤上有出血点，有的病猪出现坏死和痘样疹。病猪逐渐消瘦和衰弱，行走摇晃，后躯无力，站立困难，终归死亡。病程20～29d。

3. 慢性型

常见于猪瘟常在地区或流行后期。病猪体温时高时而正常，食欲不定。消瘦、贫血、衰弱，颈、耳根、腹下及四肢内侧等处皮肤上有出血点及痘样疹。病猪时而便秘，时而腹泻。病程为 1 个月以上，多死亡。不死的发育不良，成为僵猪。

此外，还有一种非典型猪瘟。其病情缓和，病变轻微，致死率低，流行病学和临床症状均不典型，如不注意，易误诊为猪弓形虫病。

(四) 病变

主要为出血性败血症变化和纤维素性坏死性肠炎变化。全身皮肤、浆膜、黏膜和实质脏器有程度不同的出血点，以肾脏和淋巴结最为常见。淋巴结边缘出血，断面呈大理石样花纹；肾脏呈土黄色，表面有多量针尖大暗红色出血点，如麻雀蛋壳样。肾脏边缘有呈球状或契状梗塞性坏死灶，色黑而隆起（图 7－1）。

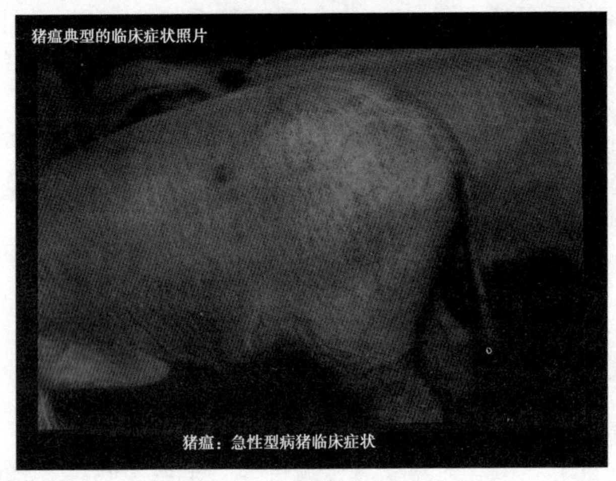

图 7－1　猪瘟的症状

肠管的纤维素性坏死性肠炎变化主要在大肠，尤其在回盲口附近呈轮层状、扣状溃疡（扣状肿）。

(五) 诊断

临床上主要是根据流行情况、临床症状和病理变化进行综合分析诊断。必要时进行血液学检查，猪瘟病猪白细胞显著减少，可降至每立方毫米 8 000 以下。

(六) 防治

每年春秋坚持用猪瘟疫苗按免疫程序作预防注射，对新生仔猪和新引进的猪必须坚持补注。

发生本病时，应立即上报疫情，并采取封锁疫区、疫点，隔离处理病猪，紧急预防接种和彻底消毒等综合性防疫措施。

隔离：对病猪及可疑病猪，立即隔离饲养。

治疗：特别是贵重的种猪，可用抗猪瘟血清治疗。

消毒：发病猪舍，运动场、饲养管理用具，用消毒药液进行消毒。

处理：死猪深埋或销毁。

其防治方法有：①做好科学预防。②实行自繁自养。③改善饲养管理。④做好卫生消毒。⑤及时采取措施。

二、猪口蹄疫

口蹄疫又称“口疮”、“蹄癀”，是偶蹄兽的一种急性、热性和高度接触性传染病。临床特征是在口黏膜、蹄部和乳房皮肤发生水泡和溃烂。

近年来猪发生口蹄疫的流行特点有所改变，在猪群流行口蹄疫时，其他动物包括牛、羊、骆驼等一般不感染，而且，没有季节性，一年四季均可发生，病猪排毒量和康复猪的带毒程度，都远远超过牛和羊。

（一）病原

口蹄疫病毒属于微核糖核酸病毒科中的口蹄疫病毒属，有 7 个主型、60 多个亚型，各主型之间没有交叉免疫关系。口蹄疫病毒对外界环境的抵抗力很强，在猪毛上可生存半个月以上，在饲料中可生存 4 个月，在土壤、饲养用具、粪便及干草可生存 1 个月以上，病毒能耐寒冷几个月，所以本病在冬，春季节较多发。煮沸能立即杀死病毒、酸和碱对病毒的杀死作用很强，所以常用 2% ~3% 氢氧化钠溶液、20% 石灰水或 2% 甲醛溶液消毒。食盐对病毒无灭杀作用，在盐腌肉中病毒能生存 1 ~3 个月。

（二）流行病学

病猪和带毒猪是主要传染源。病毒存在于病猪的水泡液、水泡皮、唾液、精液、乳、粪、尿、发热期的血液中。通过直接或间接与病猪接触，经消化道、破损的皮肤或黏膜以及交配等途径传染。被污染的饲料、饮水、用具、运输工具也可以传播，野鸟、昆虫等是本病的重要传染媒介。

（三）症状

以蹄部水疱为主要特征。病猪体温升高达 41℃，精神沉郁，食欲减退。蹄部水疱可出现在蹄冠、蹄踵、副蹄和趾间。在口黏膜上（包括舌、唇、齿龈，咽和腭部）形成小水泡或糜烂。这种病变有时也见于乳房皮肤和鼻端，尤以哺乳母猪的乳头和乳房经常出现上述病变。蹄部病变严重的，病猪出现跛行，甚至蹄壳脱落，卧地不起。成年猪多取良性经过，很少死亡；但哺乳仔猪病情严重，常呈急性胃肠炎和心肌炎症状，病程很短，突然死亡，致死率可达80%（图7-2）。

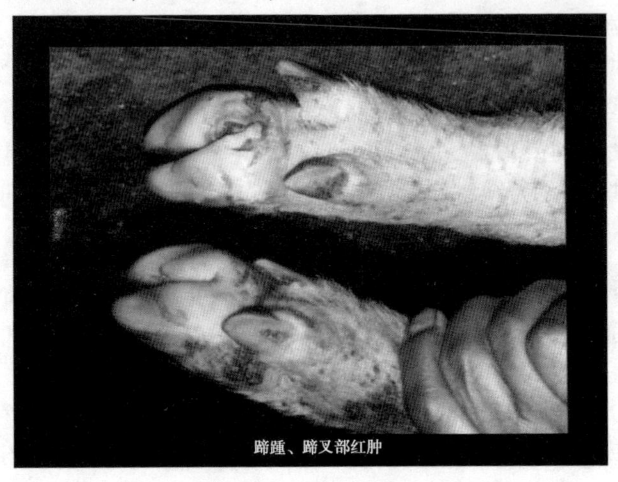

图7-2 猪口蹄疫症状

（四）病变

剖检见心脏呈不规则的灰黄色至灰白色条纹和斑点，主要散布于左心室壁和室中隔，切面清晰可见，成为所谓的“虎斑心”。

（五）防治

疫区和受威胁区可用疫苗预防注射。发生可疑口蹄疫时，应立即向动物防疫监督机构报告，组织人员会诊并才取水泡液或水泡皮送检。对发病猪场和村庄要实行封锁。猪圈、饲槽及用具、场地等，用2%烧碱溶液消毒。粪便、垫草、残余饲料等运送到指定地点销毁或堆积发酵。病猪和同猪群一律扑杀无害化处理。其处理措施如下。

隔离：对病猪及可疑病猪，立即隔离饲养。

治疗：目前无特效药物，可外用药缓解症状。

消毒：2%～5%氢氧化钠溶液进行彻底消毒，每隔2～3d消毒1次。

处理：死猪深埋或销毁。

封锁：疫点内最后1头病猪死亡或痊愈后14d，如再没有发现新病例，经全面消毒后，方可解除封锁。

其防治方法有：

主要措施是适时免疫。

不从有病地区购进猪。

坚持自繁自养，对从外地引入的猪应严格检疫，隔离观察15d，没有问题可入群饲养。

三、猪链球菌病

猪链球菌病是由链球菌感染引起的一些疫病的总称。其中以淋巴结脓肿最为常见，但以败血型链球菌病危害最大。

（一）病原

链球菌是一种圆形球菌，革兰氏阳性。兼性厌氧菌，一般分为3群：呈β溶血的溶血性链球菌，致病性强；呈α溶血的草绿色链球菌，致病力弱，引起局部脓肿；不溶血的链球菌，一般无致病性。本菌对外界环境抵抗力较强，对一般消毒剂敏感。本病一年四季均可发生，但以5—11月份较多发，大小猪均可感染发病。病猪和病愈带菌猪是本病的主要传染源。

病原存在于病猪的各脏器、血液、肌肉、关节和分泌物及排泄物中。病死猪的内脏和废弃物是造成本病流行的主要因素。主要经呼吸道和损伤的皮肤感染。

（二）流行病学

本病呈地方流行性，在新疫区多呈暴发。发病率和死亡率很高。在老疫区多呈散发，发病率和致死率均较低。

（三）症状

突然发病，体温升高达40～42℃，全身衰弱。腹泻，尿含血液，皮肤有出血点。有的病呈肺炎症状，有的出现多发性关节炎或神经症状。一般经12～18h死亡，有的转为亚急性或慢性。

1. 急性败血型

在流行初期常有最急性病例，不见明显症状就死亡。病程稍长的病猪体温升高40～42℃，食欲废绝，眼结膜潮红，流泪，流鼻液，便秘或腹泻，在耳、腹下及四肢末端出现紫斑。个别猪出现多发性关节炎，跛行或不能站立，有的病猪共济失调，磨牙，空嚼或昏睡。后期呼吸困难，1～4d死亡。

2. 脑膜脑炎型

多见于哺乳仔猪和断奶仔猪。病初体温升高达40.5～42.5℃，不吃，有浆液性或黏液性鼻液，继而出现神经症状，四肢共济失调，转圈、磨牙、仰卧、后肢麻痹、爬行，部分病猪出现关节炎，病程1～5d。

3. 关节炎型

由前两型转化而来。一肢或几肢关节肿胀，疼痛，跛行，重者不能站立，精神和食欲时好时坏，衰弱死亡或逐渐恢复，病程2～3周。

（四）病变

除呈现全身性出血等一般败血症的变化外，其特征是脾脏显著肿大，呈暗红色，被膜有纤维素沉着，少数病例脾脏边缘有出血性梗死。

（五）诊断

本病的病状和剖检变化容易与败血性传染病相混淆，要注意区别，对可疑病例应进行细菌学检查，便可确诊。

（六）防治

其处理措施有：

隔离：发病猪立即将病猪隔离。

治疗：对症治疗。

消毒：及时消毒，保持舍内清洁。

防疫：接种弱毒冻干菌苗。

其防治方法有：

加强管理，注意平时的卫生消毒工作。

可用大剂量青霉素和链霉素混合肌内注射，连用3～5d。氨苄青霉素，先锋类，小诺霉素和磺胺嘧啶，磺胺六甲氧，磺胺五甲氧早期治疗有一定的疗效。

免疫预防可用灭活疫苗或弱毒冻干苗注射，免疫期6个月。

接种弱毒冻干菌苗前后数天饲料内不能添加任何抗菌药物。

病猪用大剂量青霉素可治愈，但宜早治。

四、猪蓝耳病

猪蓝耳病又称为猪繁殖与呼吸综合征，是由病毒引起的一种接触性传染病，其只要特征为厌食、发热、繁殖障碍和呼吸困难。我国将其列为二类传染病。主要危害种猪繁殖母猪和仔猪。

（一）病原

猪蓝耳病毒为单股正链RNA病毒，属套式病毒目，动脉炎病毒科，动脉炎病毒属。病毒为圆形，直径为50～60nm，含有20～35nm的核衣壳，在氯化铯中浮密度为1.19g/cm^3；有囊膜，对乙醚、氯仿敏感；病毒基因组为单股正链RNA，分子量约1.5×10^6D_a。不凝集鸡、哺乳动物和人的O型红细胞。有严格的宿主专一性，对巨噬细胞有专嗜性。病毒的增殖具有抗体依赖性增强作用，好在中和抗体水平存在的情况下，在细胞上的复制能力反而得到增强。该病毒在外界环境中的抵抗力相对较弱，对高温、酸碱度敏感。在深冻组织中病毒可存活数年，但在4℃仅存活1个月，37℃存活18h，56℃存活15min以内。在pH值6.0

时稳定，在 pH 值 5.0 以下和 pH 值 7.0 以上感染力下降 85% ~90%，将肉尸保存于 4℃18h 仍能发现其中有活病毒。在环境中存活时间不长，常用消毒对该病毒有效。

（二）流行病学

本病是一种高度接触性传染病，呈地方流行性。病毒只感染猪，各种品种、不同年龄和用途的猪均可感染，但以妊娠母猪和 1 月龄以内的仔猪最易感。患病猪和带毒猪是本病的重要传染源。主要传播途径是接触感染、空气传播和精液传播，也可通过胎盘垂直传播。易感猪可经口、鼻腔、肌肉、腹腔、静脉及子宫内接种等多种途径而感染病毒，猪感染病毒后 2 ~14 周均可通过接触将病毒传播给其他易感猪。从病猪的鼻腔、粪便及尿中均可检测到病毒。易感猪与带毒猪直接接触或与污染有 PRRSV 的运输工具、器械接触均可受到感染。感染猪的流动也是本病的重要传播方式。

（三）症状

本病的潜伏期差异较大，最短为 3d，最长为 37d。本病的临诊症状变化大，临诊上可分为急性型、慢性型、亚临诊型等。

1. 急性型

发病母猪主要表现为精神沉郁、食欲减少或废绝、发热，出现不同程度的呼吸困难，妊娠后期（105 ~107d），母猪发生流产早产、死胎、木乃伊胎、弱仔。母猪流产率可达 50% ~70%，死产率可达 35% 以上，木乃伊可达 25%，部分新生仔猪表现呼吸困难，运动失调及轻瘫等症状，产后 1 周内死亡率明显增高。少数母猪表现为产后无乳、胎衣停滞及阴道分泌物增多。

2. 慢性型

主要表现为猪群的生产性能下降，生长缓慢，母猪群的繁殖性能下降，猪群免疫功能下降，易继发感染其他细菌性和病毒性疾病。猪群的呼吸道疾病（如支原体感染、传染性胸膜肺炎、链球菌病、附红细胞体病）发病率上升。

3. 亚临诊型

感染猪不发病，表现为病毒的持续性感染，猪群的血清学抗体阳性，阳性率一般在 10% ~88%（图 7 –3）。

（四）病变

无继发感染的病例除有淋巴结轻度或中度水肿外，肉眼变化不明显，呼吸道的病理变化为温和到严重的间质型肺炎，有时有卡他性肺炎，若有继发感染，则可出现相应的病理变化，如心包炎、胸膜炎、腹膜炎及脑膜炎等。

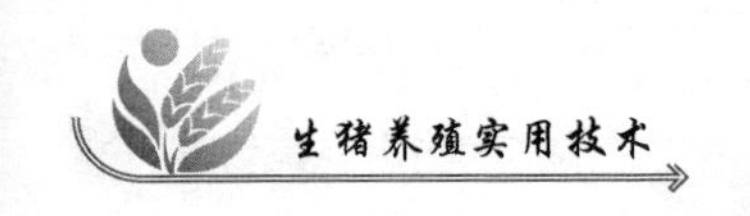

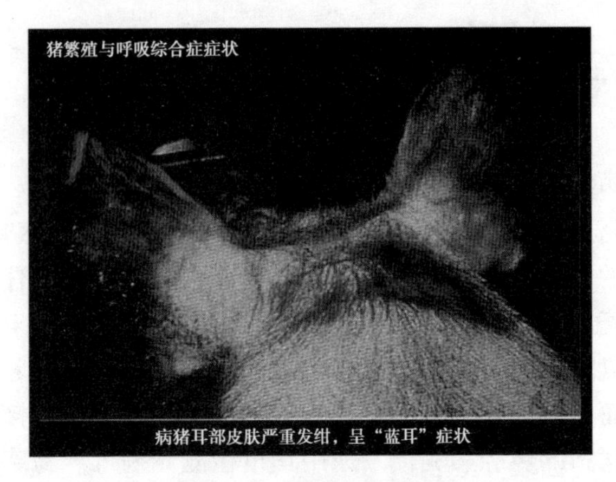

图 7－3　猪蓝耳病症状

(五) 防治

坚持自繁自养的原则，建立稳定的种猪群，不轻易引种。

规模化猪场要彻底实现全进全出，至少要做到产房和保育两个阶段的全进全出。

建立健全规模化猪场的生物安全体系，定期对猪舍和环境进行消毒，保持猪舍、饲养管理用具及环境的清洁卫生。

做好猪群饲养管理。以提高猪群对其他病原微生物的抵抗力，从而降低继发感染的发生率和由此造成的损失。

做好其他疫病的免疫接种，从而提高猪群肺脏对呼吸道病原体感染的抵抗力。

对发病猪场要严密封锁；对发病猪场周围的猪场也要采取一定的措施，避免疾病扩散，对流产的胎衣、死胎及死猪都做好无害处理，产房彻底消毒；隔离病猪，对症治疗，改善饲喂条件等。

疫苗接种。

五、猪伪狂犬病

伪狂犬病是由伪狂犬病毒引起的多种动物共患的一种急性传染病。除猪外，其他动物主要表现为发热、奇痒，脑脊髓炎的致死性感染。猪感染本病时，因不同的年龄表现不同。成年猪危害不严重，种猪主要表现繁殖障碍，对仔猪的危害最严重，15 日龄内的仔猪死亡率达 100%，因此，本病给养猪业造成严重的损失。本病现已呈世界分布。

（一）病原

伪狂犬病毒属于疱疹病毒科猪疱疹病毒属，病毒粒子为圆形，直径150～180nm，核衣壳直径为105～110nm。病毒粒子的最外层是病毒囊膜，它是由宿主细胞衍生而来的脂质双层结构。囊膜表面有长8～10nm呈放射状排列的纤突。

（二）流行病学

伪狂犬病毒在全世界广泛分布。伪狂犬病自然发生于猪、牛、绵羊、犬和猫，另外，多种野生动物、肉食动物也易感。水貂、雪貂因饲喂含伪狂犬病毒的猪下脚料也可引起伪狂犬病的暴发。

猪是伪狂犬病毒的贮存宿主，病猪、带毒猪以及带毒鼠类为本病重要传染源。在猪场，伪狂犬病毒主要通过已感染猪排毒而传给健康猪，另外，被伪狂犬病毒污染的工作人员和器具在传播中起着重要的作用。而空气传播则是伪狂犬病毒扩散的最主要途径，乳汁和精液也是可能的传播方式。伪狂犬病的发生具有一定的季节性，多发生在寒冷的季节，但其他季节也有发生。

（三）症状

伪狂犬病毒的临诊表现主要取决于感染病毒的毒力和感染量，以及感染猪的年龄。其中，感染猪的年龄是最主要的。与其他动物的疱疹病毒一样，幼龄猪感染伪狂犬病毒后病情最重。

新生仔猪感染伪狂犬病毒会引起大量死亡，临诊上新生仔猪第1d表现正常，从第2d开始发病，3～5d内是死亡高峰期，有的整窝整窝死光。同时，发病仔猪表现出明显的神经症状、昏睡、鸣叫、呕吐、拉稀，一旦发病，1～2日内死亡。剖检主要是肾脏布满针尖样出血点，有时见到肺水肿、脑膜表面充血、出血。15日龄以内的仔猪感染本病者，病情极严重，发病死亡率可达100%。仔猪突然发病，体温上升达41℃以上，精神极度委顿，发抖，运动不协调，痉挛，呕吐，腹泻，极少康复。断奶仔猪感染伪狂犬病毒，发病率在20%～40%，死亡率在10%～20%，主要表现为神经症状、拉稀、呕吐等。成年猪一般为隐性感染，若有症状也很轻微，易于恢复。主要表现为发热、精神沉郁，有些病猪呕吐、咳嗽，一般于4～8d内完全恢复。

怀孕母猪可发生流产、产木乃伊胎儿或死胎，其中，以死胎为主无论是头胎母猪还是经产母猪都发病，而且没有严格的季节性，但以寒冷季节即冬末春初多发。

（四）病理变化

伪狂犬病毒感染一般无特征性病变。眼观主要见肾脏有针尖状出血点，其他

肉眼病变不明显。可见不同程度的卡他性胃炎和肠炎，中枢神经系统症状明显时，脑膜明显充血，脑脊髓液量过多，肝、脾等实质脏器常可见灰白色坏死病灶，肺充血、水肿和坏死点。子宫内感染后可发展为溶解坏死性胎盘炎。

（五）诊断

根据疾病的临诊症状，结合流行病学，可做出初步诊断，确诊必须进行实验室检查。同时要注意与猪细小病毒、流行性乙型脑炎病毒、猪繁殖与呼吸综合征病毒、猪瘟病毒、弓形虫及布鲁氏菌等引起的母猪繁殖障碍相区别。

（六）防治

本病尚无特效治疗药物，紧急情况下，用高免血清治疗，可降低死亡率。疫苗免疫接种是预防和控制伪狂犬病的根本措施，目前国内外已研制成功伪狂犬的常规弱毒疫苗、灭活疫苗以及基因缺失疫苗（包括基因缺失弱毒苗和灭活苗），这些疫苗都能有效地减轻或防止伪狂犬病的临诊症状，从而减少该病造成的经济损失。

消灭牧场中的鼠类，对预防本病有重要意义。同时，还要严格控制犬、猫、鸟类和其他禽类进入猪场，严格控制人员来往，并做好消毒工作及血清学监测等。

六、猪传染性胃肠炎

猪传染性胃肠炎是由病毒引起的一种迅速传播的肠道传染病。其特征是呕吐、严重腹泻和脱水。各种年龄的猪均可感染，2 周龄以内的仔猪发病率和死亡率极高；断奶猪、预肥猪和成年猪发病轻微，并能自然康复。其他动物和人无易感染。本病以 12 月至次年 4 月发病最多，夏季很少发病。新疫区呈流行性发生，老疫区则呈地方流行性或间歇性的地方流行性发生。

（一）病原

病原为猪传染性胃肠炎病毒，它存在于病猪个器官、体液和排泄物中，以小肠黏膜和肠系膜淋巴结含毒量最高。该病毒对外界环境的抵抗力不强，阳光照射 6h 即被杀死，煮沸立即杀死。一般消毒药，如 5% 石碳酸溶液 37℃30min 可杀死病毒。

病猪和带毒猪是本病的主要传染源。病毒随粪便、呕吐物、乳汁、鼻分泌物以及呼出气体排除体外，污染饲料、饮水、空气、土壤、用具等，通过消化道和呼吸道传播。

（二）症状

病猪突然呕吐，接着发生剧烈的水样腹泻，粪便为黄绿色和灰色，有时呈白色，并含凝乳块。部分病猪体温升高，发生腹泻后体温下降。病猪迅速脱水，消瘦，严重口渴，食欲减退或废绝，一般经 3～7d 死亡。10 日龄以内的仔猪死亡率较高，随着日龄的增长死亡率降低。病愈猪生长发育较缓慢。

架子猪、预肥猪和成年猪的症状较轻，发生一至数日减食、腹泻，有时出现呕吐。一般经 3～7d 恢复，极少发生死亡。

（三）病变

主要在胃和小肠。胃内容物充满乳凝块，胃底黏膜轻度充血，有时在黏膜下有出血斑。小肠内充满黄绿色或灰白色液状物，含有泡沫和未消化的乳凝块，小肠壁变薄，弹性降低，以致肠管扩张，呈半透明状。肠系膜血管扩张，淋巴结肿胀，肠系膜淋巴结见不到乳糜。空肠绒毛显著缩短，黏膜上皮细胞变性、脱落。

（四）诊断

本病主要发生寒冷季节，迅速传播。病猪呕吐和水样腹泻，各种年龄的猪均可发病，10 日龄以内的猪死亡率很高。病变主要限于胃底和小肠，胃内充满乳凝块，肠管扩张，肠壁变薄，肠内充满液体。抗生素治疗无效。

根据上述这些特点可作出初步诊断。但确诊要进行病毒分离、动物接种和血清学试验。由类冠状病毒引起的猪流行性腹泻临床上与本病很难区别，应引起注意。

（五）防治

提倡自繁自养，不要在疫区引进猪只，以免传入本病。发现病猪要立即隔离，并用3%氢氧化钠溶液或20%石灰水消毒猪栏、场地、用具等。尚未发病的怀孕母猪、哺乳母猪及其仔猪隔离到安全的地方饲养。

母猪产前 1 个月接种猪传染性胃肠炎和猪流行性腹泻疫苗。

抗生素对本病治疗无效，但可防止继发感染，有助于缩短病程加速康复。

对患病仔猪多给饮水进行补液，对减少死亡有一定作用。

经常发病的猪场，也可将病死仔猪的内脏切碎喂给临产前 1 个月的母猪，这种母猪在分娩时已产生了免疫力，由其哺乳的仔猪一般不会发病。

七、猪接触传染性胸膜肺炎

猪接触传染性胸膜肺炎是由胸膜肺炎放射杆菌引起的猪的呼吸道传染病。本病以急性出血性纤维素性坏死性胸膜肺炎为特征急性病猪死亡率高慢性病例一般能耐过。

（一）病原

本病的病原体胸膜肺炎放线杆菌。本菌为革兰氏阴性小杆菌，具有典型的球杆形态，能产生荚膜，但不形成芽孢，无运动性。本菌的特性是在血液琼脂上具有溶血的能力本菌的抵抗力不强，一般常用的消毒药均可将之杀灭。

(二) 流行病学

不同年龄的猪均有易感性，但以 3 ~5 月龄的猪最易感。病猪和带菌猪是本病的传染源，而无症状有病变猪，或无症状无病变隐性带菌猪较为常见。胸膜肺炎放线杆菌对猪具有高度宿主特异性，急性感染时不仅可在肺部病变和血液中检出，而且在鼻漏中也大量存在。因此，本病的主要传播途径是呼吸道。病原通过空气飞沫传播，在大群集约饲养的条件下最易接触感染。

猪群之间的传播主要是因引入带菌猪或慢性感染的病猪；饲养环境不良，管理不当可促进本病的发生与传播，并使发病率和死亡率升高。

(三) 临床症状

本病的潜伏期通常人工接种感染的潜伏期为 1 ~12h，自然感染的快者为 1 ~2d，慢者为 1 ~7d。死亡率随毒力和环境而有差异，但一般较高。根据病猪的临床经过不同，一般可将之分为最急性型、急性型、亚急性型和慢性型 4 种。

1. 最急性型

仔猪突然发病，体温高达41.5℃以上，精神极度沉郁，食欲废绝，并有短期的下痢与呕吐。病初循环障碍表现得较为明显，病猪的耳、鼻、腿和体侧皮肤发绀；继之，出现严重的呼吸障碍。病猪呼吸困难，张口喘息，常站立不安或呈现犬卧姿势；临死前从口鼻流出泡沫样带血色的分泌物，一般于发病 24 ~36h 内死亡。也有的猪因突发败血症，无任何先兆而急速死亡。

2. 急性型

有较多的猪同时受侵。病猪体温升高，精神不振，食欲减损，有明显的呼吸困难、咳嗽、张口呼吸等较严重的呼吸障碍症状。病猪多卧地不起，常呈现犬卧或犬坐姿势，全身皮肤淤血呈暗红色；有的病猪还从鼻孔中流出大量的血色样分泌物，污染鼻孔及口部周围的皮肤。如及时治疗，则症状较快缓和，能度过 4d 以上，则可逐渐康复或转为慢性。此时病猪体温不高，发生间歇性咳嗽，生长迟缓。

3. 亚急性和慢性型

很多猪开始即呈亚急性型或慢性经过。病猪的症状轻微，低热或不发热，有程度不等的间歇性咳嗽，食欲不良，生长缓慢；并常因其他微生物（如肺炎支原体、巴氏杆菌等）的继发感染而使呼吸障碍表现明显。

(四) 病变

死于本病的病猪，全身多淤血而呈暗红色，或有大面积的淤斑形成。本病的特征性病变主要局限于呼吸器官。最急性病例，眼观患猪流有血色样鼻液，气管和支气管腔内充满泡沫样血色黏液性分泌物。肺炎病变多发生于肺的前下部，而不规则的周界清晰的出血性实变区或坏死灶则常见于肺的后上部，特别是靠近肺门的主支气管周围。肺泡和肺间质水肿，淋巴管扩张，肺充血、出血和血管内纤维素性血栓形成。

（五）诊断

依据临床症状和特殊的病理变化，结合流行病学，可作出初步诊断；确诊需做细菌学检查，从支气管或鼻腔分泌物和肺部病变中很容易分离到病原体，但从陈旧的病灶中很难分离到病原。在新疫区，则需进行实验室检查才能确诊。

类症鉴别：诊断本病时需与猪肺疫、猪气喘病等相区别。

1. 猪肺疫

本病与肺猪疫的症状和肺部病变都相似，较难区别，但急性猪肺疫常见咽喉部肿胀，皮肤、皮下织、浆膜和黏膜以及淋巴结有出血点，而猪接触传染性胸膜肺炎的病变往往局限于肺和胸腔。猪肺疫的病原体为两极着染的巴氏杆菌，而猪接触传染性胸膜肺炎的病原体为球杆状或多形态的胸膜肺炎放线杆菌。

2. 猪气喘病

本病与猪气喘病的症状有些相似，但猪气喘病的体温不高，病程长，肺部病变对称，呈胰样或肉样变，病灶周围无结缔组织包裹，而有增生性支气管炎变化。

（六）预防

对本病采取早期治疗是提高疗效的重要条件。

1. 一般预防

预防本病的有效方法是对无病猪场应防止引进带菌猪，目前尚无有效的预防疫苗，一般可从当地分离病菌，制备灭活苗，对母猪和 2～3 月龄仔猪进行免疫接种。此法具有较好的地区性防疫作用。

2. 紧急预防

猪群一旦发生本病，可能大多数猪已被感染，在尚无菌苗应用的情况下，只能采取以下两种措施：一是对猪群普遍检疫，淘汰阳性猪；二是以含药添加剂饲喂，同时改善环境卫生，消除应激因素，用 2% 氢氧化钠溶液每周消毒两次，可以收到较好的效果。

（七）治疗

抗菌药疗法，常用有效的治疗药物有青霉素、卡那霉素、土霉素、四环素、

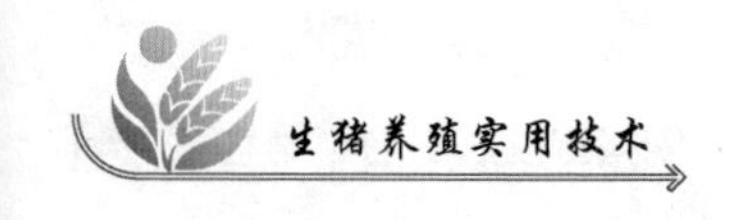

链霉素及磺胺类药物；用药的基本原则是肌肉或皮下大剂量注射，并重复给药。一般的用药剂量为：青霉素肌注，每头每次40万~100万单位，每日2~4次。能正常采食者，可在饲料中添加土霉素等抗生素或磺胺类药物，剂量为每千克饲料中加入土霉素0.6g，连服3d，可以控制本病。

八、猪气喘病猪

气喘病又称猪地方性肺炎或支原体肺炎，是猪的一种慢性呼吸道传染病。其特征是病猪气喘、咳嗽，呈腹式呼吸。剖检病变可见病猪的肺呈融合性支气管肺炎。本病流行广，部分猪场时有本病发生。

（一）病原

肺炎支原体比细菌小，所以在培养基上形成的集落难以用肉眼识别，在电镜下观察又过于庞大，不易得到一个总体的印象，长久以来肺炎支原体的观察和生长培养困扰着研究人员，直到近些年来才有所突破。不仅如此，支原体整个家族呈现出来的致病性特点也让疾病控制人员头疼，如该病无季节性，容易与其他病原协同发病，不同种属的支原体发病往往具有组织局限性或者说有嗜组织性，肺炎支原体通常只在肺部生长，滑液囊支原体往往局限在关节处，因此针对支原体的血液循环抗体对于支原体的防控作用不明或甚微。

（二）流行病学

不同品系、年龄、性别的猪对本病都有易感性，在寒冷的冬天和冷热多变的季节发病较多。不良的饲养管理和卫生条件会降低猪只的抵抗能力，易于发生本病。传染途径主要通过呼吸道。本病一旦传入猪群，如不采取严密措施。很难彻底扑灭。猪肺炎支原体的流行传播也具有一定独特性和灵活性，猪场间相距3.2km以内即可通过空气进行气溶胶传播，猪场内猪群通过鼻液及直接接触可以相互传播。

（三）症状

体温无多大变化，咳嗽次数逐渐增多，随着病的发展而发生呼吸困难，表现为明显的腹式呼吸，急促而有力，严重的张口喘气，像拉风箱似的，有喘鸣音，此时精神委顿，食欲减少或废绝，身体日渐消瘦，皮毛粗乱，生长发育不良，病程式可持续2—3个月以上。常由于抵抗力降低而并发猪肺炎，这是促使喘气病猪死亡的主要原因。小母猪、怀孕和喂乳母猪，则容易发生急性型喘气病，病状与上述相似。有少数病猪发病初期体温稍有升高，病程较短，一周左右，常因衰竭和窒息而死亡，死亡率较高。猪喘气病的病理变化主要在肺，有不同程度的水肿和气肿，两肺的尖叶和心叶呈对称性、融合性支气管肺炎病变。常发生于尖叶、心叶、中间叶下垂部和膈叶前部下缘，出现淡红色或浅紫色呈“虾肉样”病变，肺门和纵膈淋巴结明显肿大、质硬、灰白色切面。随着病情发展，上述肺叶部分呈现不同程度的实变，实变区与正常肺组织界限很清楚。其他内脏一般无明显变化。在诊断本病时应注意继发其他猪病如猪流感、猪肺疫和猪肺比虫病等引起的混合感染。

（四）防制

预防和消灭喘气病主要在于坚持预防为主，采取综合性防制措施，坚持自繁自养的原则。

加强饲养管理，保持猪群合理、均衡的营养水平，加强消毒，保持栏舍清洁、干燥通风，减少各种应激因素，对控制本病有着重要的作用。

林肯霉素按每千克体重4万IU肌内注射，每天2次，连续5d为一疗程，必要时进行2~3个疗程。也可用泰妙灵（泰乐菌素）15mg/kg连续注射3d，有良好的效果。

每吨饲料中添加50~200g金霉素喂猪可预防猪喘气病，或在每吨饲料中加入200g林可霉素，连续使用3周有一定效果。

由于蛔虫幼虫经肺移行和肺比虫都会加重致病作用，所以配合药物驱虫对控制本病发展有一定意义。

猪喘气病活疫苗仅供预防猪喘气病用。适用于断奶后仔猪、后备架子猪。种猪及怀孕2个月以内的母猪。对保护无猪气喘病地区的净化效果良好。有提高断奶仔猪窝重和增重的明显作用。

九、猪细小病毒病

猪细小病毒病是由猪细小病毒（PPV）引起的猪以胚胎和胎儿感染及死亡，而母猪本身不显临床症状的一种母猪繁殖障碍性传染病。通常以母猪不孕，流产，产死胎、木乃伊胎，初生仔猪死亡为特征。目前，已在我国各地猪群广泛分布存在，据抗体检测统计：猪场阳性率为100%，种猪群阳性率为27.7%~82.2%，严重危害养猪生产发展。

（一）病原

猪细小病毒属细小病毒科、细小病毒属的单股DNA病毒。病毒粒子呈圆形或六角形，无囊膜，直径为20nm，可在原代或传代猪肾细胞上增殖并产出细胞病变，以免疫荧光可见到核内包涵体。本病毒只感染猪，其他动物的细小病毒病原属另一个种。对外界环境和常用消毒药有较强的抵抗力。本病毒只有一个血清型，与其他细小病毒无抗原关系，能凝集多种动物及人O型血的红细胞，以豚鼠红细胞最为常用，可用血疑和血凝抑制试验对本病进行诊断。

本病毒对外界抵抗力很强，能在pH值3～10的范围内生存，对热、消毒药及酶的作用有很强的耐受力，能耐受72℃2h、56℃48h，80℃8min则使其丧失感染性，4℃可长期保存。对乙醚、氯仿等脂溶剂有抵抗力，0.5%漂白粉液、2%烧碱液5min可杀死病毒。临床应注意消毒药的选择和交替使用。

（二）流行病学

病猪和带毒猪、感染的公猪及母猪是本病的重要传染源。病毒主要分布在猪体内一些增生迅速的淋巴结生发中心、结肠固有层、肾间质、鼻甲骨膜等组织。急性感染猪的分泌物和排泄物中含有较多病毒，子宫内感染的胎儿至出生9周龄胎儿仍可带毒排毒。带毒种公猪在配种季节游动配种或精液经人工受精等途径，进入母猪子宫内引起易感染猪群隐性感染，通过胎盘传染给胎儿，引起本病的扩大传播。感染的母猪由阴道分泌物、种公猪精液、粪尿及其他排泄物排毒；病猪在感染后第3～7d开始经粪便排出病毒，以后不规则排毒，病毒可在被污染的猪舍内生存数月之久，造成长期连续传播。本病一般由呼吸道、消化道传染易感动物，鼠类是重要的传播媒介。细小病毒主要感染胚胎、仔猪、育肥猪、母猪、家（野）公猪等，只有母猪表现繁殖障碍，其他不同年龄、种类的猪只不表现临床症状，据报道，在牛、绵羊、猫、鼠、小鼠和大鼠的血清中存在特异性的抗体。

本病常见于初产母猪，一般呈地方性流行或散发，一旦病毒传入阴性猪场，3个月内几乎100%的猪只都会受到感染，1岁以上大猪的阳性率可高达80%～100%。本病发生后，猪场可能连续几年不断地出现母猪繁殖失败。母猪怀孕后感染，其胚胎死亡率可达80%～100%，猪感染细小病毒后1～6d可出现病毒血症，1～2h后随粪便排出病毒污染环境，7～9d后出现血凝抑制抗体，21d内抗体效价可达1：15 000，能持续数年。本病无明显季节性，以春秋产仔季节发病较多。

（三）症状

本病引起妊娠母猪流产、死胎、木乃伊胎、畸形胎或仔猪衰弱等症状。仔猪和母猪急性感染通常呈隐性而无明显的临床症状。

怀孕母猪早期感染，则因胚胎死亡而被吸收，临床症状可见怀孕母猪的腹围缩小，母猪不孕和不规律地反复发情；怀孕中期（30～50d）感染，则胎儿死亡后，逐渐木乃伊化，可使怀孕期或胎儿分娩期延长，造成外表正常的同窝仔猪的死产，产出虚弱的活胎儿和木乃伊胎儿；怀孕后期（70d）感染，母猪发情无规律，久配不孕，大多数怀孕母猪正常产活仔猪，也有产弱猪，外观怀孕正常，但可长期带毒排毒，若将这些猪作为繁殖用种猪，可使本病在猪群中长期传播。怀孕后产出木乃伊胎或死胎，存活胎儿表现为畸形或衰弱，最后死亡。

本病最多见于初产母猪，母猪首次受感染后可获得较坚强的免疫力，甚至可终生获得免疫。种公猪受感染对公猪性欲和受精率没有明显影响。

本病无明显的季节性，从统计上看从国外引进的种猪较本地猪敏感，初产母猪又较经产母猪敏感。

传染途径有交配传播，也可以经消化道传播。

（四）诊断

在种猪群内有母猪出现流产、死胎、木乃伊胎、死产、不孕等综合征时，应怀疑为猪细小病毒病。确诊应依靠病原学检验。

从流行病学分析，掌握其特征后可怀疑为本病，确诊需用血凝抑制试验或酶标技术、分子生物学技术等实验室诊断方法。

（五）防治

目前本病尚无特效的治疗方法，种猪场应切实贯彻“预防为主，防重于治”的原则；发病猪以抗病毒、防止继发感染、缓解症状为治疗原则，控制本病发生。

（1）控制带毒猪传入猪场，在引进猪时加强检疫。

（2）一旦发病，应将发病猪隔离或淘汰，所有猪场环境、用具消毒。

（3）对猪进行免疫接种，有良好的效果。

十、猪乙型脑炎

猪乙型脑炎由乙型脑炎病毒引起。主要以母猪流产、死胎和公猪睾丸炎为特征。日本乙型脑炎又名流行性乙型脑炎，是由日本乙型脑炎病毒引起的一种急性人兽共患传染病。猪主要特征为高热、流产、死胎和公猪睾丸炎。

（一）流行病学

乙型脑炎是自然疫源性疫病，许多动物感染后可成为本病的传染源，猪的感染最为普遍。本病主要通过蚊的叮咬进行传播，病毒能在蚊体内繁殖，并可越冬，经卵传递，成为次年感染动物的来源。由于经蚊虫传播，因而流行与蚊虫的孳生及活动有密切关系，有明显的季节性，80%的病例发生在7—9月；猪的发病年龄与性成熟有关，大多在6月龄左右发病，其特点是感染率高，发病率低（20%~30%），死亡率低；新疫区发病率高，病情严重，以后逐年减轻，最后多呈无症状的带毒猪。

（二）症状

猪只感染乙脑时，临诊上几乎没有脑炎症状的病例；猪常突然发生，体温升至40～41℃，稽留热，病猪精神萎靡，食欲减少或废绝，粪干呈球状，表面附着灰白色黏液；有的猪后肢呈轻度麻痹，步态不稳，关节肿大，跛行；有的病猪视力障碍；最后麻痹死亡。妊娠母猪突然发生流产，产出死胎、木乃伊和弱胎，母猪无明显异常表现，同胎也见正产胎儿。公猪除有一般症状外，常发生一侧性睾丸肿大，也有两侧性的，患病睾丸阴囊皱襞消失、发亮，有热痛感，经3～5d后肿胀消退，有的睾丸变小变硬，失去配种繁殖能力。如仅一侧发炎，仍有配种能力。

（三）病变

流产胎儿脑水肿，皮下血样浸润，肌肉似水煮样，腹水增多；木乃伊胎儿从拇指大小到正常大小；肝、脾、肾有坏死灶；全身淋巴结出血；肺淤血、水肿。子宫黏膜充血、出血和有黏液。胎盘水肿或见出血。公猪睾丸实质充血、出血和小坏死灶；睾丸硬化者，体积缩小，与阴囊黏连，实质结缔组织化。

（四）诊断

由于本病隐性感染机会多，血清学反应都会出现阳性，需采取双份血清，检查抗体上升情况，结合临诊症状，才有诊断价值。须与布鲁氏菌病、伪狂犬病等鉴别。

（五）防治

无治疗方法，一旦确诊最好淘汰。做好死胎儿、胎盘及分泌物等的处理；驱灭蚊虫，注意消灭越冬蚊；在流行地区猪场，在蚊虫开始活动前1～2个月，对4月龄以上至两岁的公母猪，应用乙型脑炎弱毒疫苗进行预防注射，第二年加强免疫一次，免疫期可达3年，有较好的预防效果。处方如下。

（1）康复猪血清40ml 用法：1次肌内注射。

（2）10%磺胺嘧啶钠注射液20～30ml，25%葡萄糖注射液40～60ml。用法：1次静脉注射。

（3）10%水合氯醛20ml 用法：1次静脉注射。

十一、仔猪红痢病

仔猪红痢为C型产气荚膜梭菌或称C型魏氏梭菌引起的肠毒血症。主要特征是急性死亡，或血性下痢、肠坏死，病程短而死亡率高。仔猪红痢又名C型魏氏梭菌肠炎或仔猪传染性坏死性肠炎。

（一）病原

病原是C型产气荚膜梭菌或C型魏氏梭菌。此菌为厌氧、能形成芽胞和荚膜、革兰氏染色阳性、两端钝圆的大杆菌。

本菌广泛存在于土壤、下水道及人畜肠道中，在发病猪群的母猪肠道内尤为多见，常随粪便排出体外，污染猪栏、垫草和周围环境。仔猪出生后很快接触被污染的母猪体表和乳头、泥土和垫草，将本菌的芽胞吞入消化道内而受感染。芽胞在肠内出芽繁殖，产生大量毒素，引起肠黏膜发炎、出血和坏死。本菌还可侵入肠管的浆膜下和肠系膜淋巴结，引起炎症并产生气体。

（二）流行病学

易感动物：主要侵害1~3日龄仔猪，1周龄以上仔猪很少发病。绵羊、马、牛、鸡、兔等也可感染发病。

传染源：带菌的母猪。本菌常存在于母猪肠道中，随粪便排出，污染母猪的奶头及垫料，造成仔猪感染。

传播途径：消化道感染。

（三）症状

仔猪生后数小时至1~2d即可出现症状，主要表现为精神沉郁，不吮乳，有的仔猪不见拉稀即死亡。病程稍长的仔猪怕冷、四肢无力、行走摇摆，腹泻、开始拉灰黄或灰绿色稀粪，后变为红色糊状，故称红痢。粪便很臭，常混有坏死组织碎片及多量气泡。

（四）病变

病变常局限于小肠和肠系膜淋巴结，以空肠病变最严重。肠黏膜出血、坏死，形成坏死性假膜，从肠浆膜外面看去可见到小肠内壁有几条浅灰黄色的纵带。

（五）诊断

根据发病年龄、症状和病变，一般可作出诊断。有条件时，进行微生物学检查，更能作出可靠诊断。

（六）防治

加强对产房和母猪乳头的消毒。预防注射可用C型魏氏梭菌培养物制成的仔猪红痢菌苗，对第一胎和第二胎的怀孕母猪，肌内注射各2次。第一次在分娩前1个月前后，第二次在分娩前半个月左右，剂量为3~5ml。这样，可使仔猪通过哺乳获得被动免疫。

在常发病的猪场，仔猪出生后可内服土霉素、氟哌酸等进行预防。

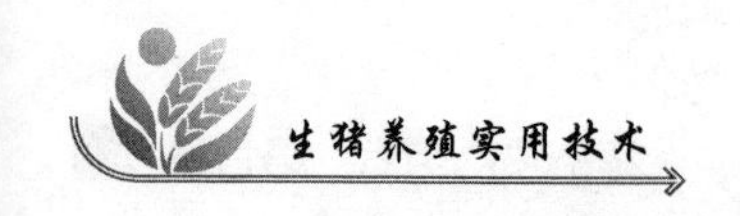

十二、仔猪白痢

仔猪白痢是初生仔猪由于肠道的条件性细菌（主要是大肠杆菌）引起的急性病。本病一年四季均可发生，但以冬、春季多发。本病的发生与仔猪日龄有关。生后10～30日龄的仔猪均可发病，但以10～20日龄发病最多，病情也较严重，生后3d以内、30d以上则极少见发现。

（一）病原

病原是肠致病性大肠杆菌。广泛发布于自然界，主要存在于被动物粪便污染的土壤、水源、饲料及其物品中。仔猪生后随着吃乳、饮水等吞入本菌。在正常情况下，这种肠道常在菌不呈现致病作用，但在某些不良因素（如气候突变，猪栏潮湿、不卫生等）使仔猪抵抗力降低或消化机能发生障碍时，则呈现致病作用。

（二）流行病学

大肠杆菌广泛地存在于养猪环境中，如被粪便污染的地面、水源、饲料及其他物品中，经消化道吃进本菌，如在出生后很短时间内随着吸吮母奶而吃进去。在正常条件下，这种肠道常在菌不表现致病作用，但在仔猪抵抗力减弱或消化机能障碍时，便可引起仔猪发病、下痢，以至败血症而死亡。有的窝仔猪发病，有的窝发病少或不发病；同一窝仔猪发病也有先后，有轻有重，也有不发病者。

本病一年四季都可发生，但一般以严冬、早春及炎热季节发病较多。本病的发生与仔猪日龄有关，主要发生于10～30日龄仔猪，以10～20日龄仔猪发病最多，7日龄以内或30日龄以上发病的较少。母猪的饲养管理和猪舍卫生等多方面的各种不良的应激，都是促进本病发生的重要原因，并可影响病情的轻重和能否痊愈。

（三）症状

主要是下痢，粪便乳白色、灰白或淡黄白色，糊状，有腥臭味，有时混有气泡。体温一般正常，精神、吃食尚好。若不采取治疗措施，病情可逐渐加重，病猪拱背、畏寒、发抖，喜钻入垫草中，喝水增多，吃乳减少或不吃，逐渐消瘦，被毛粗乱无光，尾和后肢被粪便污染。严重时脱水，目光呆滞，终于昏迷虚脱而死。

（四）病变

胃肠黏膜有炎症，肠内有少量糊状内容物，有酸臭味，或肠管空虚，充满气体，肠壁变薄。肝脏和胆囊肿胀，肠系膜淋巴结肿大。

（五）诊断

根据本病的流行特点、临床症状并结合饲养管理和卫生条件的分析，可以作出诊断。

（六）防治

加强对哺乳母猪、妊娠母猪的饲养管理，饲喂易消化饲料，防止饲料突变，保证泌乳质量。

于分娩前1个月，给妊娠母猪服用大肠杆菌菌苗，每天1次，直至分娩。或注射大肠杆菌基因工程苗、大肠杆菌多价菌苗。

药物预防，给仔猪服用1%高锰酸钾液2～3ml，或二甲氧苄氨嘧啶和磺胺脒（其比例1∶5），每kg体重服用50mg，连用3d。或服用微生态制剂如促菌生等。

内服痢菌净10～25mg/kg，每日2次；内服磺胺脒0.5～1g，每天3～4次，连用3～5d；内服土霉素0.25g，每天2～3次，连用3～5d。也可服用黄连素等。

十三、仔猪黄痢

仔猪黄痢又叫早发性大肠杆菌病，是3日龄左右的仔猪的一种急性、高度致死性肠道传染病。其特征是拉黄色稀粪。

本病主要是侵害生后数小时至3日龄的仔猪，5日龄以后仔猪很少发病，育成猪、肥猪、母猪及公猪不发病。本病的死亡率随仔猪的年龄增长而降低，生后3日龄以内的发病仔猪，若不及时治疗，死亡率可达100%。如果病程超过3～4d，有时能耐过，但生长不良。

（一）病原

病原是某些溶血性大肠杆菌。大肠杆菌在水和土壤中可生存数月，加热60℃15min可杀死本菌。常用的消毒药可迅速杀死本菌。

（二）流行病学

新生仔猪产出后（0～6d），由于产仔栏卫生条件差，母猪体表及乳头受到大量的致病性大肠杆菌污染，仔猪通过吸乳而吞入大量的病原菌时，就可导致腹泻。

因母猪产后缺乳、患乳房炎、弱小仔猪抢不到乳头等原因而吃不到初乳也可发病。

因产房温度低，仔猪肠管蠕动慢，结果细菌的排出和保护性抗体分泌都降低，也会引起严重的腹泻。

初产母猪在产前未接触致病性大肠杆菌，其初乳中就没有特异性免疫球蛋

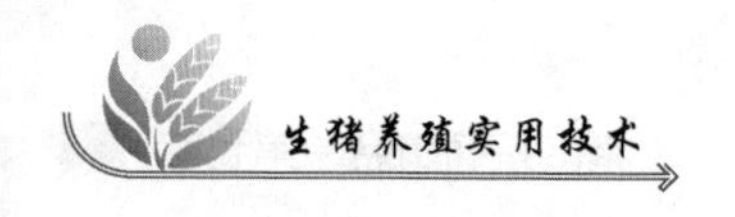

白，也可发生腹泻。

（三）症状

突然发病，病初拉黄色或淡黄色稀粪，混有气泡并带腥臭味。初期肛门多不沾留粪便；随后病势加重，以致肛门松弛失禁，粪水顺流而下，尾端后躯被粪便污染。病猪口渴，精神沉郁，不吃乳，脱水，衰竭，昏迷而死。

（四）病变

主要病变为十二指肠的急性卡他性炎症，表现为黏膜肿胀、充血或出血。肠内容物黄色或黄红色，混有乳汁凝块；空肠、回肠病变较轻，明显积气。肠壁和肠系膜常有水肿；肠系膜淋巴结肿大、充血，切面多汁。心、肝、肾有小出血点。

（五）诊断

根据本病多见于3日龄以内的仔猪，发病率和死亡率高，5日龄以上的仔猪很少发病，病猪拉黄色稀粪，再结合剖检病变，一般可作出初步诊断。

（六）防治

发病甚急，经过迅速，往往抢救无效。应着重采用必要的预防措施，尤其注意在母猪分娩前后，对乳头、产栏和饲养用具的消毒。

为了增强新生仔猪的特殊抵抗力，在未吃初乳之前，口服非致病性大肠杆菌（NY－10菌株）培养物5ml，使其在肠内大量繁殖，阻止致病性大肠杆菌的侵入。

有本病发生时，在仔猪生后5min，皮下或肌内注射2～3倍量的磺胺类药物或抗生素，每天2次，连用4～5d。

给临产母猪肌内注射土霉素1g，注射后经乳汁排出土霉素，使仔猪间接获得，也可达到预防目的。

也可给妊娠母猪注射大肠杆菌基因工程苗。

十四、猪丹毒

猪丹毒是由猪丹毒杆菌引起的一种急性、热性败血病。本病夏秋湿热季节多发，常呈地方流行性，在秋冬季节呈散发性发生，各种年龄的猪都可感染，但3～12月龄的猪最易感。人经损伤的皮肤感染可得类丹毒病，主要发生于手部。

（一）病原

病原为猪丹毒杆菌，是一种纤细、正直或稍弯曲的像短头发状的革兰氏阳性杆菌，无鞭毛、不形成芽胞和荚膜。

猪丹毒杆菌对外界环境的抵抗力很强，在腌肉中可存活170d，在粪中存活数月，水中存活 17d。对湿热和化学消毒剂的抵抗力不强，一般的消毒剂能在几分钟内将其杀死。粪便堆积发酵处理很可靠。

本病主要通过呼吸道传染，也可通过皮肤创口感染。吸血昆虫可作为本病的传播媒介。

（二）流行病学

本病主要发生于猪，其他家畜如牛、羊、狗、马和禽类包括鸡、鸭、鹅、火鸡、鸽、麻雀、孔雀等也有病例报告。

病猪和带菌猪是本病的传染源。35% ~50% 健康猪的扁桃体和其他淋巴组织中存在此菌。已知 50 多种哺乳动物、几乎半数的啮齿动物和 30 种野鸟中分离到本菌。此外，鱼类（鳞鳃）也带菌。病猪、带菌猪以及其他带菌动物（分泌物、排泄物）排出菌体污染饲料、饮水、土壤、用具和场舍等，经消化道传染给易感猪。本病也可以通过损伤皮肤及蚊、蝇、虱、蜱等吸血昆虫传播。屠宰场、加工厂的废料、废水，食堂的残羹，动物性蛋白质饲料（如鱼粉、肉粉等）喂猪常常引起发病。富含腐殖质、沙质和石灰质的土壤在本病的流行病学上有极重要的意义。

本病主要发生于架子猪，随着年龄的增长而易感性降低，但 1 岁以上的猪甚至老龄种猪和哺乳仔猪也有发生死亡的报告。猪丹毒一年四季都有发生，有些地方以炎热多雨季节流行最盛；另一些地方不但发生于夏季，就是冬春季节也可形成流行高潮。本病常为散发性或地方流行性传染，有时也发生暴发性流行。

（三）症状

潜伏期一般为 3 ~5d。

1. 败血型（急性型）

比较多见，在流行初期，有个别病猪不表现任何症状而突然死亡。大多数病猪体温 42℃以上，常见寒颤、减食，或有呕吐。不愿走动，常躺卧。行走时步态僵硬或跛行，站立背腰拱起以减轻四肢负重。结膜充血，眼睛亮有神，很少有分泌物。大便干硬，后期腹泻。发病 1 ~2d 后，皮肤上出现红斑，其大小和形状不一，以耳、颈、背、腿外侧多见，指压褪色，指去复原。病程 2 ~4d，致死率可达 80% ~90%。

2. 亚急性型（疹块型）

病情较缓和，体温一般不超过 42℃，发病 2 ~3d 后，在猪的背部、颈上部、肩部、臀部、腹外侧部、胸部、腹部等处的皮肤上出现方形、菱形或不规则的疹块，初期呈粉红色，指压褪色，后变为紫红色，指压不褪色。疹块稍突起，发红，中间苍白，界限明显，很像烙印，故有“打火印”之称。有些病例的疹块并不突起，若是黑猪生前不易检查，宰后去毛时才被发现。随着疹块的出现，体温下降，病势减轻，数日后疹块逐渐消退，最后形成干痂，干痂脱落而自愈。但少数病猪的病情可能恶化转为败血症而死亡，或转为慢性型（图7－4）。

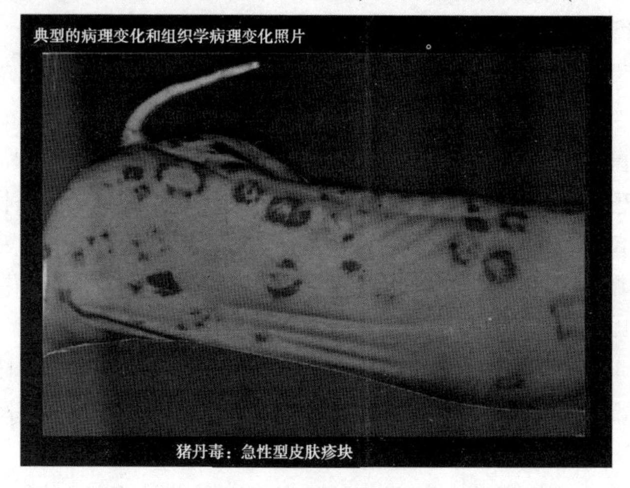

图7－4　猪丹毒症状

3. 慢性型

本型多为急性型或亚急性型病猪不全治愈转来。当其慢性心内膜炎发展成在心瓣膜上形成菜花状的赘生物时，可发现病猪食欲时好时坏，精神不好，严重的经过2～3周死亡。有些病猪呈慢性关节僵硬，长期生长发育不良。

（四）病变

剖检病变随病型而异。

急性型：主要表现为皮肤有红斑，心内外膜有出血点，心包积液，肺充血或水肿，全身淋巴结肿胀出血，切面多汁；脾充血肿大呈樱桃红色，脾质松软；肾充血肿大，切开可在皮质部发现暗红色出血点；肝肿大呈红棕色；胃、小肠充血、出血，胃底及幽门部出血是本病的特征。

亚急性型：主要表现为皮肤上出现特异性疹块。

慢性型：特征性病变为疣状内心膜炎，在心瓣膜上形成花椰菜样疣状物，关节囊增厚等。

（五）诊断

根据发病情况、症状及剖检变化，一般能作出初步诊断。必要时可以取肝、脾、肾制成抹片，革兰氏染色镜检，如见到革兰氏阳性纤细小杆菌，也可作出诊断。取急性病猪脾脏做成悬液接种鸽子或小白鼠，可在24～72h内死亡，其心血涂片能见到纤细杆菌。

（六）防治

治疗：早期应用大剂量青霉素可治愈。

预防：每年可用猪丹毒弱毒菌苗预防接种。

病猪隔离治疗或急宰。急宰猪的血液和内脏应深埋或焚烧。

猪舍、用具用10%漂白粉夜消毒。

十五、猪流行性感冒

猪流行性感冒是由流感病毒引起的一种急性、热性、高度接触性传染病。病的特征是突然发生，并很快传染整个猪群。主要症状是高热，肌肉或关节疼痛和有轻重不同的呼吸道症状。多发生于晚秋和初春以及冬季，病程短，多呈良性经过，死亡率低。

（一）病原

病原为甲型流感病毒。猪嗜血杆菌、巴氏杆菌、双球菌、链球菌等也常参与继发感染而使病情复杂化。

猪流感病毒属于嗜神经和嗜肺性病毒，大量存在于病猪的鼻液、气管和支气管的渗出液、肺和肺部淋巴结中。

本病毒的抵抗力很弱，在60℃20min死亡，5%石炭酸能迅速杀死病毒，一般消毒药也有作用，但本病毒能耐干燥和低温，在－70℃稳定，冻干可保存数年。

各种年龄猪均易感。病猪和带毒猪是主要传染源。主要通过飞沫经呼吸道传染。

（二）流行病学

流行特点不同年龄、性别和品种的猪对猪流感病毒均有易感性。传染源是病猪和带毒猪。病毒存在于呼吸道黏膜，随分泌物排出后，通过飞沫经呼吸道侵入易感猪体内，在呼吸上皮细胞内迅速繁殖，很快致病，又向外排出病毒，以至于迅速传播，往往在2～3d波及全群。康复猪和隐性感染猪，可带毒相当长的时间，是猪流感病毒的重要储存宿主，往往是以后发生猪流感的传染源。大多发生在天气骤变的晚秋和早春以及寒冷的冬季。一般发病率高，病死率却很低。

（三）症状

潜伏期一般为2～7d。病猪突然体温升高达40.5～42℃；精神、食欲不振，口、眼、鼻流出浆液性或黏液性分泌物。咳嗽，呼吸迫促，腹式呼吸明显。肌肉、关节疼痛，不愿行走，常钻卧在草垫中，有惨叫声。若无并发其他疫病，多数病猪可在7~10d痊愈。如果饲养管理不当，猪的抵抗力降低时，常可继发其他疫病，如巴氏杆菌、链球菌侵入后，很可能继发肺炎、胸膜炎等，因而导致死亡。

（四）病变

病变主要在呼吸系统，从鼻腔到细支气管都发生严重的渗出性炎症。咽喉充血、水肿，气管内有大量带泡沫状黏液，有时混有血液。肺呈紫红色，肿胀不全，有血样侵染病灶，切年多汁。继发感染而死亡的猪，可能见到化脓性支气管炎、纤维素性肺炎、胸膜炎或心包炎，甚至有败血症的变化。

（五）诊断

根据流行情况，症状和病变，一般可作出诊断。必要时可进行动物接种试验。

（六）防制

目前尚无预防本病的有效疫苗，主要靠平时加强饲养管理，保持猪栏清洁、干燥，防寒保暖。一旦发现本病流行，就应立即隔离和治疗病猪。

本病治疗尚无特效药，一般用解热镇痛对症疗法减轻症状；使用抗生素或磺胺类药物防止继发感染。

十六、猪布鲁氏菌病

猪布鲁氏菌病是由布鲁氏菌引起的人、畜共患的一种急性或慢性传染病。本病的特征是妊娠母畜发生流产、胎衣不下、生殖器官及胎膜发炎、睾丸炎、巨噬细胞增生和肉芽肿形成。本病已广泛分布于世界各地，我国某些地方有牛、羊、猪、犬种布鲁氏菌病发生，给畜牧业和人的健康带来较大的危害。猪的布鲁氏菌病是人感染该病的重要传染源之一，猪种布鲁氏菌对人类具有很强的致病性，因此，防治猪布鲁氏菌病具有重要的公共卫生意义。

（一）病原

布鲁氏菌属有6个种和20个生物型组成，猪布鲁氏菌生物1型和3型易感宿主是猪，对人有强的致病性。本菌为球状短杆菌，用病料涂片、染色、镜检时，常单个排列或密集成堆。不形成荚膜和芽胞，无鞭毛，不能运动。革兰氏染色阴性，吉姆萨染色呈紫色。由于本菌吸收染料过程较慢，较其他细菌难于着色，所以，常用科兹洛夫斯基染色法染色，布鲁氏菌呈红色，其他细菌呈绿色。染色的方法是：病料涂片干燥后，滴加2%沙黄液，加热至蒸汽1~2min，水洗，再滴加1%孔雀绿溶液复染（不加热）1～2min，水洗、干燥后镜检。

本菌为需氧兼性厌氧菌。最适生长温度37℃，最适pH值为6.6～7.4。对营养要求严格，初次分离，须在含有血液、血清、肝汤、马铃薯浸液或胰酶消化蛋白胨等培养基上生长。初次分离培养时，生长缓慢，常要1周以上才能充分发育，待驯化后传代，则2～3d就能生长良好。牛、羊种布鲁氏菌从病料初次分离培养时，需在10% CO_2 环境中才能生长，几代后则不需要。

在营养琼脂上，可以长出圆形、表面光滑、湿润、隆起、边缘整齐、闪光的小菌落，透光呈淡黄色，侧光呈轻微乳色和略带蓝灰色，菌落大小不等。在马铃薯斜面上可长出微带棕黄色菌苔。在液体培养基中呈轻度混浊，培养久时，可形成菌环。本菌一般能分解葡萄糖、木糖等糖类，产生少量酸，不分解甘露醇，接触酶试验、氧化酶试验呈阳性，不产生靛基质，不液化明胶，不凝固牛奶，不溶解红细胞，不利用柠檬酸盐，VP试验，吲哚、甲基红试验阴性，有的菌株能分解尿素，产生硫化氢，还原硝酸盐。

布鲁氏菌对外界环境因素的抵抗力较强，如对干燥有较强抵抗力，在干燥土壤中存活2个月；干的胎膜内存活4个月；污染粪水中存活4个月以上；衣服、皮毛上可保存5个月。流产胎儿中活75d，子宫渗出物中存活200d，乳、肉食品中存活2个月；对寒冷抵抗力也强，冷乳中存活40d以上，在冷暗处的胎儿体内可活6个月。但对热很敏感，60℃加热30min，70℃5～10min死亡，煮沸立即死亡。对消毒药的抵抗力不强，兽医常用的一般消毒药，如3%石炭酸、来苏尔、臭药水、5%漂白粉、2%甲醛液、5%石灰水、0.5%洗必泰、0.1%新洁尔灭、消毒净等，都能在较短时间内将其杀死。

（二）流行病学

多种动物和禽类对布鲁氏菌均有不同程度的易感性。但自然病例中，仍以家养的牛、羊（绵羊、山羊）、猪最易感。此外，水牛、牦牛、野牛、羚羊、鹿、骆驼、野猪、马、狗、猫、狼、狐狸、猴、野兔、鸡、鸭及一些啮齿动物等以及人都可自然感染。实验动物中，以豚鼠、小鼠、鸽和幼猫易感，家兔次之，但豚鼠最为易感。不同种别的布鲁氏菌各有其主要宿主动物，如牛种布鲁氏菌主要感染牛，还能感染马、犬、鹿、绵羊、骆驼、猫及人；羊种布鲁氏菌主要感染山羊、绵羊，还能感染牛、猪、鹿、骆驼和人；猪种布鲁氏杆菌除感染猪外，也可感染牛、马、鹿、羊和人。

病猪或带菌猪是主要传染来源。病菌主要存在于被感染母猪的胎儿、胎衣、乳房及淋巴结中。当病母猪流产时是最危险的时期，可从胎儿、胎衣、胎水、

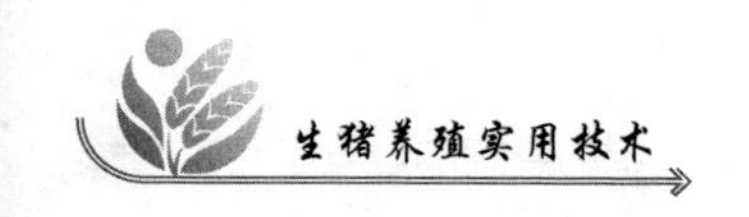

奶、尿、阴道分泌物中大量排出细菌，污染产房、猪圈及其他物品。流产母猪的乳汁也在一定时间内排菌。病公猪的精液中也可有病原体，随精液传播疾病，这对公猪传播本病来说更为重要。本病的传染途径主要是消化道，即通过采食被污染的饲料和饮水感染。其次是皮肤、黏膜及生殖道。本菌有强的侵袭力和扩散力，不仅可从破损的皮肤侵入机体，而且可从无创伤的皮肤、黏膜侵入机体。交配传染，是猪的重要传染途径之一。若病公猪精液中有病原体时，人工授精时，可使母猪被感染。野猪也可感染猪种布鲁氏菌，野猪与家猪接触，就可能传播该病。母猪较公猪易感；幼龄猪只对本病有一定抵抗力，随着年龄增长易感性增高，性成熟后对本病很易感。所以，5 月龄以下的猪对本病有一定的抵抗力。

(三) 症状

母猪主要症状是流产，大多发生在怀孕的第 30 ~ 50d 或 80 ~ 110d，在妊娠的 2 ~ 3 周早期流产时，胎儿和胎衣多被母猪吃掉，常不被发现。流产前可见母猪精神沉郁，阴唇和乳房肿胀，有时可见从阴道流出分泌物，也有流产前见不到明显的症状。流产的胎儿大多为死胎，并可能发生胎衣不下及子宫炎，影响配种。有的病猪产出弱胎或木乃伊胎。流产后从阴道排出黏性红色分泌物，大多经 8 ~ 10d 可消失。流产后又可怀孕，重复流产的较少见。新受感染的猪场，流产数量较多。

公猪主要症状是睾丸炎和附睾炎，一侧或两侧无痛性肿大，有的极为明显。有的病状较急，局部有热痛，并伴有全身症状。有的病猪睾丸发生萎缩、硬化，性欲减退，丧失配种能力。据某猪场报道，在 14 头公猪中，9 头发生睾丸炎，可见其危害性。

无论公、母猪都可能发生关节炎，大多发生在后肢，偶见于脊柱关节，可使病猪后肢麻痹。局部关节肿大、疼痛，关节囊内液体增多，出现关节强硬，跛行。据某地统计介绍，有 41% 的病猪呈现跛行。

(四) 病变

流产胎儿的状态不同，有的为木乃伊于尸化，有的为弱仔或健活，死亡胎儿可见浆膜上有絮状纤维素分泌物，胸、腹腔有少量微红色液体及混有纤维素。胃内容物有黄色或白色混浊的黏液，并混有小的絮状物。有的黏膜上见有小出血点。流产的猪胎衣充血、出血和水肿，表面覆盖淡黄色渗出物，有的还见有坏死。

母猪子宫黏膜充血、出血和有炎性分泌物，约 40% 患病母猪的子宫黏膜上有许多如大头针帽至粟粒大的淡黄色小结节，质硬，切开可见少量化脓或干酪样物质；有的可见小结节互相融合成不规则的斑块，使子宫壁变厚和内腔狭窄，常称为粟粒性子宫布鲁氏菌病。

公猪的睾丸及副睾常见炎性坏死灶，鞘膜腔充满浆性渗出液；慢性者睾丸及副睾结缔组织增生、肥厚及粘连。精囊可能有出血及坏死灶。公猪睾丸及副睾肿大，切开见有豌豆大小的化脓和坏死灶、化脓灶，甚至有钙化灶。据统计，34% ~95%病猪的睾丸发生化胀坏死性炎症。

猪患布鲁氏菌病还常见有关节炎，主要侵害四肢较大的复活关节。滑液囊有浆液和纤维素，重时见有化脓性炎症和坏死，甚至还见脊柱骨、管骨的炎症或脓肿。淋巴结、肝、脾、肾、乳腺等也可能见到布鲁氏菌病性结节病变。

（五）诊断

引起母猪发生流产的原因较多，特别是近些年一部分新的病毒性传染病的发生和流行，使诊断工作更为复杂。也就是说，病原性和非病原性的原因都可引起猪发生流产。就布鲁氏菌病来说，流行病学、症状及剖检变化还是可以作为诊断的依据。但要确诊，必须有赖于实验室细菌学、血清学的检验。

（六）防治

1. 坚决保护健康猪群

对从未发生过布鲁氏菌病的健康猪群，必须贯彻“预防为主”的方针和坚持自繁自养的原则，防止从外部引入病猪。若必须从外单位引进种猪时，应从无此病地区购买，要进行检疫，购进后隔离观察两个月，再进行检疫，确实健康的方可并群饲养。同时，也要防止运入被污染的畜产品和饲料。每年定期对猪群进行布鲁氏菌病检疫，以能及时发现病猪。若有原因不明的流产时，必须严格隔离流产母猪，对流产胎儿及胎衣要进行微生物学检查，而且要严格消毒处理，对流产猪只做血清学检查，直到证明为非传染性流产时，才能取消隔离。

2. 受威胁猪群的预防措施

（1）对猪群进行定期检疫（至少每年一次），并要当作一件防疫制度固定执行，以能及时发现和处理患病猪只。

（2）定期进行免疫注射，是预防控制本病的有效措施。

我国用于预防猪布鲁氏菌病的是用猪种布鲁氏菌弱毒 S2 株制成的活疫苗。该苗毒力稳定、使用安全、免疫力好，是我国选育的一种优良布鲁氏菌菌苗。本疫苗适于口服免疫和肌内注射。

①口服免疫：每头猪 200 亿菌，间隔 1 个月再口服一次。口服菌苗不受怀孕限制，可在配种前 1 ~2 个月进行，亦可在怀孕期使用。如果猪群大，可按全群

猪数计算所需菌苗量，将菌苗拌入水中或饲料中，让全群饮服。如果猪数少，可逐头灌服。在饮服时，不能用热水以免烫死细菌，拌入饲料中时，应避免使用含有抗生素添加剂的饲料、发酵饲料或热饲料。在服菌苗前后 3d，应停止使用抗生素添加剂饲料和发酵饲料。

②注射免疫：每头猪 200 亿菌，间隔 1 个月再注射 1 次。妊娠母猪不宜注射。所用菌应稀释后当天用完。无论猪是口服还是注射，免疫期为 1 年。本疫苗对人有一定致病力，工作人员在使用疫苗时，应注意个人防护，以防感染。用用具需煮沸消毒。

十七、猪流行性腹泻

猪流行性腹泻是由猪流行性腹泻病毒引起的猪的一种急性接触性肠道传染病，以腹泻、呕吐和脱水为特征。其病原属于冠状病毒科冠状毒病属。对乙醚，氯仿等敏感，对外界环境和消毒药抵抗力不强。一般消毒剂可将其灭活。

（一）病原

猪流行性腹泻病毒为冠状病毒科冠状病毒属的成员。病毒形态略呈球形，在粪便中的病毒粒子常呈现多形态，平均直径为 130nm（95～190nm）。有囊膜，囊膜上有花瓣状纤突，长 12～24nm，由核心向四周放射，其间距较大且排列规则，呈皇冠状。病毒在蔗糖中的浮密度为 1.18g/ml。

本病毒对外界抵抗力弱，对乙醚、氯仿敏感，一般消毒药物都可将其杀灭。病毒在 60℃30min，可失去感染力，但在 50℃条件下相对稳定。病毒在 4℃，pH 值 5.0～9.0 或在 37℃，pH 值 6.5～7.5 时稳定。

（二）流行病学

本病仅发生于猪，各种年龄的猪都能感染发病。哺乳猪、架子猪或肥育猪的发病率很高，尤以哺乳仔猪受害最为严重，母猪发病率变动很大，为 15%～90%。病猪是主要传染源。病毒存在于肠绒毛上皮和肠系膜淋巴结，随粪便排出后，污染环境、饲料、饮水、交通工具及用具等而传染。主要感染途径是消化道。如果一个猪场陆续有不少窝仔猪出生或断奶，病毒会不断感染失去母源抗体的断奶仔猪，使本病呈地方流行性，在这种繁殖场，PED 可造成 5～8 周龄仔猪的断奶期顽固性腹泻。本病多发生于寒冷季节。

（三）症状

经口人工感染的潜伏期，新生仔猪为 15～30h，肥育猪为 2d，自然感染可能稍长些。该病的主要临诊症状为水样腹泻，或者伴随呕吐。猪流行性腹泻病常以暴发性腹泻的形式发生在非免疫断奶仔猪（Ⅰ型）或各种年龄的猪（Ⅱ型）。病猪表现出呕吐、腹泻和脱水，与猪传染性胃肠炎相似，但程度较轻、传播稍慢。粪稀如水，呈灰黄色或灰色。呕吐多发生于吃食或吮乳后。少数病猪出现体温升高1～2℃，精神沉郁，食欲减退或不食，尤其是繁殖种猪。症状的轻重随年龄的大小而有差异，年龄越小，症状越重，1周内新生仔猪常于腹泻后2～4d内因脱水而死亡，病死率可达50%。断奶猪、肥育猪以及母猪常呈现沉郁和厌食症状，持续腹泻4～7d，逐渐恢复正常。成年猪仅表现沉郁、厌食、呕吐等症状，如果没有继发其他疾病且护理得当，猪很少发生死亡。

（四）病变

具有特征性的病理变化主要见于小肠。整个小肠肠管扩张，内容物稀薄，呈黄色、泡沫状，肠壁弛缓，缺乏弹性，变薄有透明感，肠黏膜绒毛严重萎缩。

剖检变化表现为尸体消瘦、皮肤暗灰色。皮下干燥，脂肪蜂窝组织表现不佳。肠管膨胀扩张，充满黄色液体，肠壁变薄，肠系膜充血，肠系膜淋巴结肿胀。

镜下可见小肠绒毛缩短，上皮细胞核浓缩，胞浆嗜酸性变化。腹泻严重时，胃内充满内容物，外观呈特征性地弛缓。小肠壁变薄、半透明。显微病变从十二指肠至回肠末端，呈斑点状分布，受损区绒毛长度从中等到。严重变短，变短的绒毛呈融合状，带有发育不良的刷状缘。

（五）诊断

本病在临诊症状、流行病学和病理变化等方面均与猪传染性胃肠炎无明显差异，只是猪流行性腹泻死亡率较猪传染性胃肠炎低，在猪群中传播的速度也较缓慢些。根据临诊症状、流行病学、病理变化进行确诊是十分困难的，须进行实验室诊断。

（六）防治

本病无特效药治疗，用抗生素治疗无效，通常应对症疗法，可以减少仔猪死亡率，促进康复。发病后要及时补水和补盐，给大量的口服补液盐，防止脱水，用肠道抗生素防止继发感染可减少死亡率。预防本病可在入冬前10—11月份给母猪接种弱毒疫苗，通过初乳可使仔猪获得被动免疫。

一旦发现病猪，立即隔离，清除粪便及其污染的垫草，消毒被污染的环境和器物。在腹泻的最初24～72h，用葡萄糖盐溶液给病猪口服，对于防止脱水有一定的效果。适当给予止泻剂和降低肠蠕动药物有利于疾病的康复。平时注意消毒和饲养管理，搞好猪舍卫生，注意防寒保暖，但要防止猪舍潮湿闷热，保持舍内空气新鲜，提高猪群健康水平，增强抗病力。实行“全进全出”的管理，可有

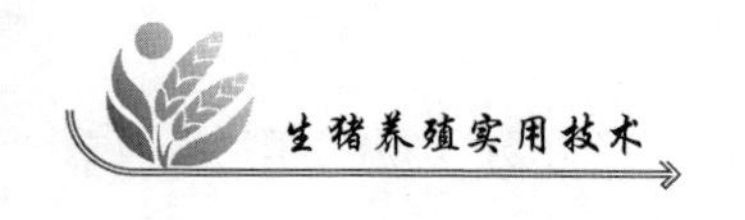

效的预防此病的发生。

十八、猪弓形虫病

本病是由刚地弓形虫（又称弓形体、弓形虫）寄生在猪、牛、羊狗、猫和人体内而引起的一种人畜共患的原虫病。断乳仔猪最易发病。

人和动物大部分为隐性传染，少数也有呈显性感染的。动物通过胎盘、子宫、生殖道及初乳感染，也可经呼吸道，口感染。人主要通过与患病猪、狗接触，或使用未煮熟的肉或创伤而感染。

（一）病原

弓形虫虫体为半月形、梭形或卵圆形小体，体长4～6μm，宽2～3μm。瑞氏染色胞浆为浅蓝色，核染成深蓝紫色。弓形虫寄生在宿主细胞内。其不同发育阶段有各种形态类型：滋养体和包囊；裂殖体、配子体和卵囊。当猪、牛、羊和人，经口和呼吸道的黏膜或皮肤感染了包囊或被感染性卵囊所污染的食物后，虫体经血流道宿主脏器和组织细胞中进行无性繁殖，形成包囊型虫体。

（二）流行病学

主要是病人、病畜和带虫动物，其血液、肉、内脏等都可能有弓形虫。已从乳汁、唾液、痰、尿和鼻等分泌物中分离出弓形虫；在流产胎儿体内、胎盘和羊水中均有大量弓形虫的存在。如果外界条件有利于其存在，就可能成为感染源。据调查，含弓形虫速殖子或包囊（慢殖子）的食用肉类（如猪、牛、羊等）加工不当，是人群感染的主要来源。有生食或半生食习惯的人群，其血清阳性率明显高于一般人群，即可间接证明这一点；并有因食用生拌牛肝而发生急性弓形虫病的报告。

被终宿主猫排出的卵囊污染的饲料、饮水或食具均可成为人、畜感染的重要来源。据调查，养猫居民血清阳性率为20%，而不养猫的居民仅为9.3%。感染弓形虫的家猫在相当长的一段时间内从粪便中排出卵囊，卵囊污染环境并很快发育成熟，对人和中间宿主都具有感染率。卵囊在外界环境中的生活力很强。非孢子化卵囊在4℃条件下可存活90d，－5℃下为14d，－20℃下为1d。孢子化卵囊的抵抗力更强，－5℃下可存活120d，－20℃下为60d，－80℃下为20d。干燥和低温条件则不利于卵囊的生存和发育。

猪对弓形虫均具有易感性，且危害最大，可引起暴发性流行和大批死亡。

感染途径常经口感染为主，动物之间相互捕食和吃未经煮熟的肉类为感染的主要途径。此外，也可经损伤的皮肤和黏膜感染。在妊娠期感染本病后，可能通过胎盘感染胎儿。

血清学调查证实猪血清阳性率最高，一般都在20%以上，个别猪场达60%以上。

家畜弓形虫病一年四季均可发病，但一般以夏秋季居多。云南牛弓形虫病的发病季节十分明显，多发生于每年气温在25～27℃的6月份。我国大部分地区猪的发病季节在每年的5—10月份。

（三）症状

暴发时，发病率高，死亡率可达50%左右。潜伏期为3～7d，体温升高达40.5～42.3℃、稽留热。食欲减退或不食，精神沉郁，粪便干硬或便秘，有时下痢。眼结膜充血，有眼。呼吸困难、咳嗽和流鼻涕。耳、下腹及下肢等处皮肤发绀，体表淋巴结肿大。有的四肢及全身肌肉僵直，走路不稳，甚至站立困难。少数病猪在病初呕吐。病程为10～15d，如15d不死可转为慢性或逐渐康复。

慢性病猪发育不良、下痢，并有失明和神经症状。

我国猪弓形虫病分布十分广泛，全国各地均有报道。且各地猪的发病率和病死率均很高，发病率可高达60%以上，病死率可高达64%。10～50kg的仔猪发病尤为严重。多呈急性经过。病猪突然废食，体温升高至41℃以上，稽留7～10d。呼吸急促，呈腹式或犬坐式呼吸；流清鼻涕；眼内出现浆液性或脓性分泌物。常出现便秘，呈粒状粪便，外附黏液，有的患猪在发病后期拉稀，尿呈橘黄色。少数发生呕吐。患猪精神沉郁，显著衰弱。发病后数日出现神经症状，后肢麻痹。随着病情的发展，在耳翼、鼻端、下肢、股内侧、下腹等处出现紫红斑或间有小点出血。有的病猪在耳壳上形成痂皮，耳尖发生干性坏死。最后因呼吸极度困难和体温急剧下降而死亡。孕猪常发生流产或死胎。有的发生视网膜脉络膜炎，甚至失明。有的病猪耐过急性期而转为慢性，外观症状消失，仅食欲和精神稍差，最后变为僵猪。

有涂片检查、一般诊断、小白鼠腹腔接种法、采取胸、血清学诊断、鉴别诊断等。

（四）病变

急性病例出现全身性病变，淋巴结、肝、肺和心脏等器官肿大，并有许多出血点和坏死灶。肠道重度充血，肠黏膜上常可见到扁豆大小的坏死灶。肠腔和腹腔内有多量渗出液。病理组织学变化为网状内皮细胞和血管结缔组织细胞坏死，有时有肿胀细胞的浸润；弓形虫的速殖子位于细胞内或细胞外。急性病变主要见于仔猪。慢性病例可见有各脏器的水肿，并有散在的坏死灶；病理组织学变化为明显的网状内皮细胞的增生，淋巴结、肾、肝和中枢神经系统等处更为显著，但不易见到虫体。慢性病变常见于年龄大的猪只。隐性感染的病理变化主要是在中枢神经系统（特别是脑组织）内见有包囊，有时可见有神经胶质增生性和肉芽肿性脑炎。

（五）防治

本病流行地区，应对猪进行弓形虫检疫，检出隐性感染猪，隔离饲养、治疗或淘汰，以消灭传染源。保持猪栏和运动场清洁卫生、干燥，猪粪及时清除并堆积发酵。本病流行期间，用磺胺甲氧嗪内服进行预防，每天1次，每次2.5g（架子猪），连用3d。

治疗：可使用下列药物驱虫，均有很好的治疗效果。

复方敌菌净，75mg/kg口服，疗效显著。

如增效磺胺嘧啶钠、增效磺胺－5－甲氧嘧啶、增效磺胺甲氧嗪、复方新诺明等其中任一种。

磺胺嘧啶（SD）加乙胺嘧啶，前者按每公斤体重70mg，后者按每千克体重6mg，每天服药2次，首次倍量，连服3～5d。

胺苯砜（SDDS），按每公斤体重15mg用药磺胺甲基异恶唑（SMZ），按每公斤100mg，每天服药1次，连服2～3d。

十九、猪蛔虫病

本病是由猪蛔虫寄生在猪的小肠内引起的一种寄生虫病。流行比较普遍，3～6个月龄的仔猪危害严重，使生长、发育受到很大的影响，严重时可引起死亡。

猪蛔虫病是由猪蛔虫寄生于猪小肠引起的一种线虫病，呈世界性流行，集约化养猪场和散养猪均广泛发生。我国猪群的感染率为17%～80%，平均感染强度为20～30条。感染本病的仔猪生长发育不良，增重率可下降30%。严重患病的仔猪生长发育停滞，形成“僵猪”，甚至造成死亡。因此，猪蛔虫病是造成养猪业损失最大的寄生虫病之一。

（一）病原

猪蛔虫是寄生于猪小肠中最大的一种线虫。新鲜虫体为淡红色或淡黄色。虫体呈中间稍粗、两端较细的圆柱形。虫卵暗褐色或黑色，外层披有较厚的边缘不整齐的的蛋白质外膜。头端有3个唇片，一片背唇较大，两片腹唇较小，排列成品字形。体表具有厚的角质层。雄虫长15～25cm，尾端向腹面弯曲，形似鱼钩。雌虫长20～40cm，虫体较直，尾端稍钝。

寄生在猪小肠内的小虫，磁雄交配后，雌虫产生大量虫卵，虫卵随粪便排出体外，在适当的温度和湿度下，虫卵经10d左右发育为幼虫。幼虫在卵内经过一次蜕化而变为第二期幼虫，当被猪吞食后，卵壳经小肠液的消化‘溶解’幼虫逸出，钻入肠壁移行和发育。多数幼虫进入血管，随血流入肝脏或少数、钻进肠壁，从腹腔移行至肝，再经血流到肺，生长发育后、经细支气管移行到咽喉部，再经口腔被吞咽到消化道，在小肠内发育为成虫。

（二）流行病学

猪蛔虫病的流行很广，一般在饲料管理较差的猪场，均有本病的发生；尤以3~5月龄的仔猪最易大量感染猪蛔虫，常严重影响仔猪的生长发育，甚至发生死亡。其主要原因是：第一，蛔虫生活史简单；第二，蛔虫繁殖力强，产卵数量多，每一条雌虫每天平均可产卵10万~20万个；第三，虫卵对各种外界环境的抵抗力强，虫卵具有4层卵膜，可保护胚胎不受外界各种化学物质的侵蚀，保持内部湿度和阻止紫外线的照射，加之虫卵的发育在卵壳内进行，使幼虫受到卵壳的保护。因此，虫卵在外界环境中长期存活，大大增加了感染性幼虫在自然界的积累。有人报道，猪蛔虫能在疏松湿润的耕地或园土中生存长达3~5年。虫卵还具有黏性，容易借助粪甲虫、鞋靴等传播。

（三）症状

一般仔猪常因幼虫在体内移行呈现肺炎症状，表现咳嗽，体温升高，呼吸加快，食欲差，精神沉郁。

当虫体移行入小肠时，呈现发育不良，生长发育不良，生长缓慢，被毛粗乱、无光，可引起肠炎、肠阻塞和肠破裂等，或成为僵猪。

（四）诊断

本病的诊断，除根据临床症状外，还可以进行粪便检查和尸体剖检。

取粪便直接涂片进行显微镜检查，即可发现虫卵。采用饱和盐水漂浮法集卵，检出率更高。

剖检死猪，小肠内有蛔虫存在。

（五）防治

在规模化猪场，首先要对全群猪驱虫；怀孕初期的母猪和1~7月龄的猪，应分次进行药物驱虫；以后公猪每年驱虫2次；母猪产前1~2周驱虫1次；仔猪转入新圈时驱虫1次；新引进的猪需驱虫后再和其他猪并群。产房和猪舍在进猪前应彻底清洗和消毒。母猪转入产房前要用肥皂清洗全身。粪便堆积发酵处理，猪栏和用具每隔20d用开水冲洗一次。

在散养的育肥猪场，对断奶仔猪进行第一次驱虫，4~6周后再驱虫1次。

在广大农村散养的猪群，建议在 3 月龄和 5 月龄各驱虫 1 次。驱虫时应首选阿维菌素类药物。

猪粪和垫草应在固定地点堆集发酵，利用发酵的温度杀灭虫卵。已有报道猪蛔虫幼虫可引起人的内脏幼虫移行症，因此杀灭虫卵对公共卫生也具有重要意义。

（六）治疗

可使用下列药物驱虫，均有很好的治疗效果。

敌百虫。每千克体重 0. 1g，总剂量不超过 7g，溶于水，拌少量饲料，一次喂服。

左咪唑。每千克体重 10mg，混在饲料中喂服。

丙硫咪唑。每千克体重 10 ~ 20mg，混在饲料中喂服。

阿维菌素。每千克体重 0. 3mg，皮下注射或口服。

伊维菌素。每千克体重 0. 3mg，皮下注射或口服。

多拉菌素。每千克体重 0. 3mg，皮下或肌内注射。

参考文献

蔡宝祥 . 2005. 家畜传染病学（第四版）［M］. 北京：中国农业出版社.

陈清明，王连纯 . 1997. 现代养猪生产［M］. 北京：中国农业大学出版社.

陈小浒，庄苏，等 . 2001. 现代养猪实用新技术［M］. 南京：南京出版社.

黄瑞华 . 2003. 生猪无公害饲养综合技术［M］. 北京：中国农业出版社.

江柯 . 2010. 畜禽繁殖实用技术［M］. 北京：中国农业科学技术出版社.

农业部职业培训教材编审委员会编 . 2005. 动物疫病防治技术［M］. 北京：中国农业出版社.

全国畜牧总站 . 2012. 生猪标准化养殖技术图册［M］. 北京：中国农业科学技术出版社.

孙德林，云鹏 . 2013. 第七届全国猪人工授精关键技术研讨会论文集［C］. 江西南昌.